U0790398

全国石材专业教育重点规划教材

石材养护

张　伟　王京江　王延华　编著

黄河水利出版社
·郑州·

内 容 提 要

本书共分六章，分别介绍了石材及其养护的基础知识、石材的化学防护、石材的病变及防治、石材着色与色差处理、石材整体研磨和石材的日常护理等内容。

本书是高等院校石材养护专业用教材，亦可用于石材养护行业的职业培训和供石材行业、建筑装饰装修行业的工程技术人员及相关专业的在校师生及研究人员参考。

图书在版编目(CIP)数据

石材养护/张伟，王京江，王延华编著. —郑州：黄河水利出版社，2010.3 (2022.1 重印)
全国石材专业教育重点规划教材
ISBN 978-7-80734-800-9

Ⅰ.①石… Ⅱ.①张…②王…③王… Ⅲ.①石料-建筑材料-高等学校-教材 Ⅳ.①TU754.4

中国版本图书馆 CIP 数据核字(2010)第 029698 号

策划编辑：陶金志　电话：0371-66025355　E-mail：1542207250@qq.com

出 版 社：黄河水利出版社　　网址：www.yrcp.com
地址：河南省郑州市顺河路黄委会综合楼 14 层　　邮政编码：450003
发行单位：黄河水利出版社
发行部电话：0371-66026940、66020550、66028024、66022620(传真)
E-mail：hhslcbs@126.com
承印单位：河南承创印务有限公司
开本：787 mm×1 092 mm　1/16
印张：10
字数：243 千字
版次：2010 年 3 月第 1 版　　印次：2022 年 1 月第 2 次印刷

定价：32.00 元

全国石材专业教育重点规划教材编委会

编委会顾问： 蒋书铭　吕安民　王楚尚　张文波

编委会主任： 李山丽

编委会委员：(按姓氏笔画为序)

丁永云　王延华　王京江　王荣平　王南萍
王非非　王铮铮　白利江　巩　辉　安风占
齐凤莲　曲华民　刘嘉玮　张　伟　李　彬
张云凤　苏永定　李怀亮　李怀敏　张丽霞
陈国本　杨周华　汪承林　张秉坚　邱建辉
吴承霞　张思奇　周俊兴　赵　民　胡云林
侯建华　侯钦超　赵淑红　赫延明　蔡行来
廖原时　魏　华

序

石材既是人类历史上最古老的建筑材料，又是全球最具艺术价值和经济价值的建筑装饰材料。人类利用大理石、花岗石作建筑装饰材料的历史可谓源远流长：我国万里长城北京南口段的城楼、城墙是利用南口花岗石块砌成的，历经千百年的风雨侵蚀，至今仍巍然屹立；坐落在古罗马元老院门前的古罗马第一位国王——罗莫洛之墓，始建于公元前6世纪，该墓所用材料即为黛色大理石。古往今来，花岗岩、大理石等石材建筑装饰的各种建筑物遍及全球各地，以坚固朴实、雄伟壮丽的英姿载入了人类史册。以北京房山出产的汉白玉为例，数百年前曾用于故宫、圆明园、颐和园的建设，后来又用于建造人民英雄纪念碑、人民大会堂、毛主席纪念堂，均显示出庄严、肃穆、美观大方的不凡气象。

长期以来，由于石材产品量产困难，世界石材业发展缓慢。直到20世纪60年代，随着科学技术的进步，特别是金刚石工具在石材产业中的大量应用，世界石材产业迅速发展为国际化产业。近年来，国际社会对建筑材料出现追求环保和返璞归真的热潮，世界石材产品的需求迅猛增加，更加快了石材产业的发展。我国石材产业在改革开放后依靠资源丰富的优势获得了蓬勃发展，目前，全国石材企业近五万家，其中中型以上企业超过三千家。这些企业不仅利用国内石材资源，还从世界各地大量引进优质荒料和半成品加工成各种石材制品，供国内消费并部分销往国外。相关数据表明，我国石材产量、消费量、进出口贸易量均位于世界首位，已成为名副其实的石材工业大国。但是，客观地说，我国石材行业总体上仍处于粗放发展阶段，生产加工企业大多是在乡镇企业甚至是家庭作坊的基础上发展起来的，前店后厂式的企业在我国石材行业中占有相当大的比例。这些企业大多具有“小、土、散、乱”的特点，生产工艺和技术装备落后，缺乏核心竞争力，不利于形成规模优势和产业集群。企业技术创新能力不高，产品档次总体偏低，产品同质化现象严重，出口的产品往往是“好货贱卖”。总之，在成为石材大国之后，我国距离石材强国的道路还很漫长。

人才是兴业之本。当前，在制约我国石材行业进一步发展的多种因素中，专业技术人才的短缺已成为主要瓶颈。石材行业的员工大多靠师傅带徒弟的方式走上工作岗位，整体素质较低。截至2008年8月，我国还没有石材专业正规的学历教育和职业教育。为了改变这种局面，中华全国工商联石材业商会、河南省石材工业协会会同河南建筑职业技术学院，报经主管教育部门批准，于2008年在河南建筑职业技术学院设立装饰石材专业，开始了中专、大专层次的石材专业技术人才的正规学历教育。这是中国石材产业发展史上首次将石材专业纳入国家大专院校有计划培养的渠道，从此结束了全国石材产业没有专业教育的历史，成为中国石材产业进入新的历史发展阶段的重要标志，同时，也使广大石材界有识之士的共同心愿成为现实。

培养专门合格的人才,教材的编写出版是关键。为适应石材专业教学需求,全国工商联石材业商会组织邀请相关大专院校、科研院所、行业管理部门的专家学者及著名企业家组成了“全国石材专业教育重点规划教材编委会”,编写并完成了具有职业教育特征的石材专业教育系列教材:《石材地质学基础》《石材矿山开采技术及设备》《石材加工设备及工艺基础》《石材应用与施工技术》《石材养护》《石材装饰 CAD 基础》《人造石与复合板》《石材商贸物流与专业英语》等。本套教材在编写过程中做了大量的调查研究和收集整理工作,系统介绍了国内外石材工业的最新科技成果,反映了当代石材工业的发展水平。

这套教材的完成,凝聚着无数人的心血,也饱含着一批为了振兴中国石材产业而孜孜不倦无私奉献的有识之士的无限真情。中国石材产业如欲进一步增强在国际上的影响,提高其地位,正需要大批这样的志士贤人的辛勤努力。透过他们的身影,我们可以看到中国石材产业发展的光明前景,在他们的带领下,我相信会有一批又一批青年才俊通过这套教材,跨入这个充满希望的行业,成为他们的追随者,为了产业的振兴,为了国家的富强而贡献出自己的智慧和才干。

全国政协委员、全国工商联九届副主席、
中国西部发展促进会常务副会长

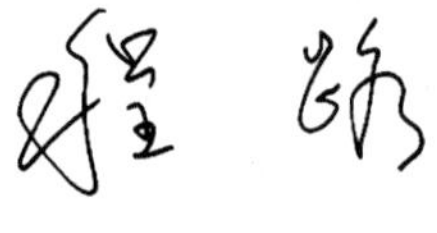

2009 年 8 月 26 日

前　言

石材是一种古老的建筑材料，也是现代建筑的主要装饰材料之一。在城市的各种场所都可以看到石材装饰所创造的壮丽景观，如在墙面、地面、柱面、台阶、楼梯扶手及工艺装饰品上，石材的天然之美都表现得淋漓尽致、美轮美奂，受到人们的广泛欢迎。

但是，我们也看到有些石材装饰效果令人遗憾。由于使用者对石材本身的物理、化学特性不够了解，在石材安装前或使用中没有采取相应的防护、保养措施，因此在日后的使用过程中，石材表面出现了锈斑、吐黄、水斑、白华、污斑、油斑、苔藓、粉化、剥落等各种病变，不但大大影响了美观，而且非专业人士也很难处理，同时也会引起石材装饰工程的纠纷。

石材是有灵性的，就像人类疾病的预防和治疗，石材的防护和病变治理也必须根据石材的品种类型、加工状态和使用要求由专业人士对症下药；否则，可能适得其反。

随着装饰石材应用的普及，石材病变日益引起人们的关注，石材护理行业也应运而生。早在 1990 年，国家建材局苏州非金属矿工业设计研究院石材研究所在国内对石材养护技术开始进行系统的研究，至今石材护理行业在我国已走过了近 20 年的发展历程，石材护理行业的队伍正在日益壮大。为了适应我国石材工业的飞速发展，部分高等院校已开始设立石材养护专业，应河南建筑职业技术学院的要求，我们编写了本套教材。

本套教材的目的是使学生掌握必要的石材养护基本理论、基本知识和基本技能，了解这些理论、知识和技能在工程上的应用，培养分析和解决一些石材养护实际问题的能力，为今后的学习和工作打下一定的基础。

本书的主要内容包括石材及其养护的基础知识、石材化学防护、石材病变及防治、石材着色与色差处理、石材整体研磨和石材日常保养等。本书是石材养护行业的专业教材，亦可用于石材养护行业的职业培训，对于石材行业、建筑装饰装修行业的工程技术人员及相关专业的在校师生及研究人员来说，也是一本很好的参考书。

本书第一章第一、二、四、五、六、七节由张伟编写，第三节由王京江编写；第二章由张伟编写；第三章第一、五、八节由王延华编写，第二、三、六、七节由张伟编写，第四节由张伟、王延华编写；第四章由张伟编写；第五章由王京江编写，其中的第五节由蔡墩军进行了修改和补充；第六章由王延华编写。全书由张伟统稿和审定，由胡杨校对。

苏州非金属矿工业设计研究院石材养护技术开发部、浙江大学文物保护与鉴定中心、苏州金润新材料科技有限公司、北京洪涛石材养护（工程）有限公司、北京实洁科艺建筑饰面养护技术服务中心、北京建海齐昌科技开发有限公司、上海鸿贵实业发展有限公司、杭州双杰石材养护工程有限公司、宁波市江东江宁贸易有限公司、泉州德莱品石材化工有限公司、郑州新易丰石材有限公司、烟台奥亚石材维护有限公司、上海拓美机械自动设备有限公司、南京洁天美地环境工程有限公司、上海盈隆实业有限公司、西安新格瑞特金刚石工具有限公司等单位及有关人士为本书的编写提供了帮助。本书写作过程中参考和引用了部分学者的著作、论文和相关企业的资料。承蒙浙江大学文物保护与鉴定中心张秉坚教授为本书写绪论，使本书陡然增辉。谨此表示最诚挚的感谢！

由于作者的经验和理论知识等方面所限，加之编写时间仓促，错误和不足之处在所难免，特别是有关我国石材养护技术发展进程方面的描述可能不够全面，恳请读者批评指正。

张 伟

2009 年 7 月

目　录

序　　程　路
前　言
绪　论 …… (1)
第一章　石材及其养护的基础知识 …… (6)
第一节　石材的分类 …… (6)
第二节　石材的矿物组成 …… (9)
第三节　石材的结构构造与吸水机制 …… (12)
第四节　石材的开采与加工 …… (14)
第五节　建筑装饰石材的安装施工 …… (16)
第六节　石材装饰常用的胶结材料 …… (17)
第七节　石材及石材养护常用的名词术语 …… (19)
第二章　石材的化学防护 …… (28)
第一节　石材防护的意义 …… (28)
第二节　石材防护的发展历程 …… (29)
第三节　石材防护剂应具备的基本性能 …… (30)
第四节　石材防护剂的分类与命名标记 …… (31)
第五节　石材防护剂的防护机理 …… (33)
第六节　石材防护剂的选用原则 …… (35)
第七节　石材防护工程的施工与验收规程 …… (36)
第八节　石材防护施工注意事项 …… (38)
第九节　湿贴石材的防护处理 …… (40)
第十节　石材防护剂的最新发展技术 …… (43)
第三章　石材的病变及防治 …… (46)
第一节　概　述 …… (46)
第二节　产生石材病变的原因及过程 …… (47)
第三节　常见的石材病变 …… (49)
第四节　石材病变的判别 …… (59)
第五节　石材清洗技术概论 …… (61)
第六节　石材病变的治理 …… (64)
第七节　石材病变的预防 …… (80)
第八节　石质文物的清洗 …… (81)
第四章　石材着色与色差处理 …… (86)
第一节　石材着色的意义及发展历程 …… (86)

第二节　色彩的基本知识 …… (87)
第三节　石材的矿物组成 …… (91)
第四节　石材及其组成矿物的颜色 …… (92)
第五节　石材的色差 …… (94)
第六节　石材的退色或变色 …… (95)
第七节　石材着色的机理及方法 …… (96)
第八节　石材的色差处理 …… (98)
第五章　石材整体研磨 …… (107)
第一节　石材整体研磨的意义 …… (107)
第二节　石材整体研磨的国内发展历程 …… (107)
第三节　石材整体研磨的效果及使用范围 …… (108)
第四节　施工工序及工序目的 …… (109)
第五节　设备及材料 …… (111)
第六节　施工工艺与验收 …… (119)
第七节　施工注意事项 …… (121)
第八节　郑州国际会展中心石材地面整体研磨工程案例分析 …… (122)
第六章　石材的日常护理 …… (125)
第一节　石材的日常护理 …… (125)
第二节　日常护理中的石材病变 …… (126)
第三节　石材日常护理的方法 …… (128)
附录　建筑装饰用天然石材防护剂 …… (138)
参考文献 …… (148)
后　记 …… (150)

绪　论

一、石材养护的历史

在人类文明的进程中，石材具有极其重要的作用。早在石器时代，我们的祖先为了生存已经开始利用岩石制作各种劳动工具，用来打猎、切削食物。考古发现，早在50万年前，原始人类遗留下来的各种石器就达数万件。历史学认为，人能够用手把第一块岩石做成石刀，终于完成了从猿到人转变的最具决定性的一步，这意味着从猿到人转变的标志是：岩石→石材。

史前人类遗存最多的古迹，都是当年的建筑石材，如英国的巨石阵（4 000～5 000年前）、墨西哥的玛雅祭坛（约3 500年前）、埃及的金字塔（约4 000年前）等。随着人类文明的发展，开始用文字记载岩石和石材的作用。我国在战国初期（公元前475～前221年）就有论述岩石和建筑及岩石和矿物的著作——《山海经》，该书可以说是世界上最早记载石材的书籍。

在国外，有文献可考的人工预防石材风化的工作已有2 000余年的历史，大约在公元前1世纪就有用石蜡保护石头的记录。国外最早使用的石材表面防护材料是蜡类，最早的石材防护工程主要是用石蜡修补神庙中风化的石材。

在中国，据文物部门考证，人们有意识地进行石材防护和加固的工作最少有2 000多年的历史。现在发现的最早使用的石材表面保护材料是桐油。桐油树原产于我国，桐油具有一定的渗透性，可以在常温下自动交联固化，中国古人将其广泛应用于木材、织物以及建筑石料的防水和防腐。研究表明，早在秦代（约2 200年前）人们就已经应用桐油、砖粉、石灰等制作泥灰来加固石质建筑，并用桐油作为石材和砖瓦的表面封护材料。到隋唐时期桐油作为防水材料的应用已经非常广泛，制作和施工工艺也已经相当成熟，几乎达到标准化的程度。英国著名科学家、史学家李约瑟在《中国科学技术史》一书中写道：13世纪之前，中国保持着西方国家所望尘莫及的科学知识水平；中国的那些发明和发现远远超过同时代的欧洲。其中，桐油作为防水材料的利用就是中国古人的重要发明之一。

在近代，用有机聚合物作为石头的防护和加固材料是从50多年前开始的。当时主要是用于古建筑和石质文物的保护及加固。例如，老一辈的文物保护工作者就在龙门石窟等处用有机聚合物修复了许多石雕像。

相对于文物保护领域，我国装饰石材防护的起步较晚一些。现代装饰石材大约从30年前在我国兴起。1983年，中国石材工业协会成立，标志着我国石材工业走向规模化。经过20多年的艰苦发展，中国石板材的产量很快从年产几百万平方米发展到两亿多平方米，位居世界第一位。但在当时，石材的安装几乎全部使用水泥砂浆湿法粘贴，表面不作任何防护处理。这样，各种病变（如锈斑、白华和水斑）随处可见。从中发现了商业机遇的一批先驱者开始了病变预防和治理的研究，开展了大量的宣传、产品推广和技术探索工作。随着石材养护市场需求的急剧扩大，来自石材安装、外墙清洗、装饰装修、水磨地坪、酒店保洁等行业的人员相继介入。到2003年，从事与石材养护相关工作的各类人员达到数万人，很多有识之士开始相互联系，希望能够成立石材护理业协会或专业委员会，以加强行业内部的沟通和联系，促进行业的自律。直到2005年3月，在中国石材工业协会第五届会员代表大会上，中国石材工业协会决定正式筹建"应用护理专业委员会"。2006年6月，"应用护理专业委员会"成立大会在北京召开，标志着中国石材护理业作为一个行业的诞生。

二、当前石材养护行业面临的技术问题

30多年来，随着我国建筑业的大发展，石材工业日益兴盛，装饰石材以其不可替代的优势，成为继水泥、钢材之后的第三大建筑材料，国内几乎所有的大型建筑都或多或少地采用了装饰石材。石材使建筑物显得古朴自然、庄重典雅，大大提高了建筑物的品味。同时，在石材应用中出现的各种问题也逐渐暴露出来，例如：

（1）除近几年外，以前国内石材安装主要采用水泥砂浆湿法粘贴，没有对石材进行任何防护处理。由此，石材装饰面上水斑、白华和锈斑等病变现象比比皆是，甚至很多人还认为这些病变是难以避免的正常现象。随着化学防护材料和新的安装工艺的出现，预防这些病变的方法正在逐步推广。但是，一些陈旧的观念仍然存在、一些过分简单的工艺还在使用、防护材料的使用方法还没有完全掌握、新技术本身还不够完善等原因，导致各种石材病变仍在不断出现。

（2）清洗是治理石材病变最经济、最便捷的方法。目前，大多数的石材清洗和日常护理工作是由保洁队伍来完成的，而大部分保洁队伍是近年来刚由其他保洁行业转变过来的，兼顾石材清洗养护也只是发生在近几年。他们对石材的特性和不同石材的使用方法往往认识不足，对石材专用清洗护理材料的使用方法往往掌握得不好，有的甚至使用清洗卫生间或清洗地毯的材料和方法来清洗石材。因此，难免会造成各种各样的问题，不仅旧的病变难以去除，新的病变反而又出现了，甚至造成单项工程损失达上百万元的病变。

（3）使用石材防护剂是预防石材病变最简便的办法，这一观念现正逐步被人们所接受，但在宣传和推广"防胜于治"的理念时，一些劣质防护剂乘机泛滥，某些防护剂广告吹得神乎其神，不讲究具体石材和具体环境的一些似是而非的过于简单的操作方法正在流行。经常可以看到由于石材防护剂选择和使用不当造成的各种病变现象。例如，使用的某些防护剂不仅达不到防护效果，反而出现更严重的水斑、大面积泛黄或泛白现象等，而这类病变由于这些防护剂的保护往往更加难以清除。

（4）可以通过机械磨抛使石材表面焕然一新，翻新功能是装饰石材最重要的优点之一。天然石材不同于瓷砖等其他装饰材料，其材质均匀，具有足够的再加工厚度。从本意上讲，翻新是将陈旧的或已经破损的石材表面恢复到原先新的表面状态。从广义上讲，已经把在石材安装之后进行的所有再加工技术都归结到翻新的概念之中，包括打磨、抛光、晶硬、涂层、填缝等，目标是追求石材装饰面的整体平整和镜面光泽；也包括火烧、粒子喷射、化学刻蚀、研磨刷、做旧和着色等，目标是追求石材装饰的艺术性和使用的功能性。更科学地，称为石材的"表面处理"技术。目前，除旧石材地面的翻新外，新安装的石材也在大量采用整体打磨的方式来消除因剪刀口（台阶高低差）产生的装饰缺陷。为了提高整体平整度，有的直接使用毛板铺装再整体打磨；为了达到和保持镜面光泽，许多业主都要求对安装后的石材表面进行晶硬化处理；为了特殊的装饰效果，有的还要进行仿古面制作，增色或改色等。石材

翻新等表面处理施工是一项技术性很强的业务，目前许多施工队伍的技术水平还处于较低档次，很难满足市场的多样化需求。

三、石材养护行业的内涵

为了解决石材应用护理中出现的各种问题，一个具有独特内涵的产业群体已经逐渐形成，其主要业务包括：

(1)对石材进行防护，以预防石材病变的发生。

(2)对使用中的石材进行日常维护，以保持石材的装饰效果。

(3)对石材的病变进行治理，以消除各种影响装饰效果的污迹和斑痕等。

(4)对现场或非现场的石材进行表面处理，以提高石材装饰的艺术性和功能性。

简单地说，就是以"两护"(防护和维护)和"两理"(治理和表面处理)为核心工作内容的产业群体——石材养护行业应运而生。石材养护行业至少涵盖以下内容：

(1)技术。如石材病变的诊断技术、病变治理或清洗技术、石材病变预防方法、石材现场表面处理或深加工技术，以及工厂化的石材表面预处理技术等。

(2)商品。如各种专用清洗剂、防护剂、晶硬剂和相关辅料的研制、生产、销售，翻新和护理机械的生产和销售等。

(3)工程。如专业清洗或治理工程、防护工程、翻新工程、晶硬面或仿古面制作工程等。

(4)日常保养。如宾馆、饭店、大厦等大型场馆的石材装饰面的日常维护，甚至千家万户石材地面的保养等。

四、石材养护行业可观的商机

普遍存在的问题和巨大的市场孕育着十分可观的商机。石材养护业面临的机遇有以下几个方面。

(一)需要作防护性处理的石材数量巨大

随着国内石材消耗量的急速扩大，装饰石材应用的范围越来越广。不仅是高层建筑和大型场馆，中、小型建筑，家庭，公共场所也都或多或少地在应用石材作装饰。石材的品种也越来越多，除常说的花岗石和大理石外，板岩、砂岩以及一些新开发出来的矿物都在向装饰石材发展，如从地面、墙面、各种异型材到各种可与木线条相媲美的石材线条、石材薄板、石材复合板，甚至吊顶材料等。据统计，我国大陆每年的石材消耗量为2亿多 m^2，这些石材大部分都需要作表面防护处理，部分还需要作底面处理，以预防石材病变的出现和方便日后护理等。若以50%需作防护计算计，每年就有超过1亿 m^2 的防护量，加上旧石材翻新和病变治理后所作的防护，再加上各种以石粉为主要原料制成的人造石、石英石的表面防护，预计年均防护处理的石材面积可达3亿多 m^2。

(二)大量的病变石材需要治理

近年来，由于防护剂的使用和新的安装工艺，石材的装饰效果越来越好，相比之下，原来一些可以容忍的石材污斑，如黄锈斑、白华等现在已经变成十分碍眼和非去掉不可的污迹了；原来认为避免不了的地面水斑，现在也成为必须预防和治理的病变。若以石材消耗总量的5%作病变治理计算，每年石材病变治理的市场需求量应在1 000万 m^2 以上，而以往遗留下的有待治理的积累数量应不低于1亿 m^2。

（三）高速增长的石材翻新和晶硬处理市场

随着社会的发展，人们对石材装饰效果的要求越来越高，原来被普遍认为可以容忍的一些地面剪口不平现在已不能容忍；原来只需要局部打磨平整的部位现在要求整体打磨；原来由于技术不行只能更换石材的工程，现在改为现场翻新石材；原来被普遍认可的光泽度现在要求必须作晶硬处理以达到镜面高光泽度等，石材翻新市场高速增长。以北京为基点估算，2008 年翻新石材的总量约 30 万 m^2。估计上海翻新石材的量与北京的差不多。推测全国以 10 倍计算也应在 600 万 m^2 以上，这个量会因时间的推移稳步增长。以石材安装的保有量 10 亿 m^2 计算，其中 20% 用于地面，以 10 年为翻新周期计算，这样全国平均每年翻新石材的量可达 2 000 万 m^2 以上。

由于石材表面晶硬处理技术发展迅速、效果明显，需要作晶硬化处理的市场就更大。几乎所有的大理石地面都进入了晶硬处理的市场（花岗石和其他石材也在逐步进入晶硬处理的范畴）。如果以大理石占石材年销售总量的 50% 计算（我国大陆每年的石材消耗量为 2 亿多 m^2），其中 20% 应用于地面，每年全国新地面需要晶硬处理的石材应在 2 000 万 m^2 以上。而大理石地面的保有量至少在这个数量的 5 倍以上，以每年作一次晶硬处理计算，其处理量也将超过 1 亿 m^2。若将石材地面日常养护所作的晶硬护理也计算入内，晶硬处理的市场前景就显得十分可观。

（四）在石材养护的其他方面蕴藏着巨大的机遇

在石材养护的其他方面也蕴藏着巨大的商业机会，例如，石材外墙的整体清洗和整体翻新，再过 10 年，至今为止的所有石材外墙到那时不作翻新肯定是很难令人满意了；大面积地进行广场和社区等公共场所的石材地坪的防油和防口香糖处理等；沿街道对建筑物石材外立面作防涂鸦处理等；对整幢建筑或局部位置的石材装饰面作仿古面处理；对地坪和过道的石材作表面防滑处理；对石材表面进行整体或局部的增色或改色处理；在翻新现场对旧石材或非标石材进行增强处理；对古旧石质建筑和历史街区的各类砖石进行修缮和保养等。目前，在这方面还只是一些个别的工程，随着相关新材料、新技术和新设备的开发，这些领域的市场潜力必将会逐渐释放出来，成为石材养护业的重要领域。

（五）养护材料和设备的生产销售，以及更新换代的市场需求十分广阔

经过十多年的努力，目前我国大多数石材防护剂、清洗剂、晶硬剂、保养剂、增强剂、着色剂、仿古刻蚀剂、磨料、磨块等已经逐步国产化，普通石材打磨翻新机械也主要由国内生产。除一些高档特种养护材料、高档和大型翻新机械还要依靠进口外，石材养护业所需要的大部分养护材料和设备都已经自给自足，同类同质的国外产品正逐渐退出国内市场。而大型清洗机械、外墙翻新机械等所含的商业价值在国内才刚刚开始涌现。我国巨大的石材养护市场正在考验和筛选这些材料和设备，更新换代的市场需求越来越强。国内浙江大学等科研单位也正在不断进行研发，力争超越世界水平。预计国产养护材料和设备将在 5 ~ 10 年内形成一批名牌产品，不仅稳稳占据国内主要市场，而且将以价廉物美的优势抢占全世界石材养护市场的主要份额。

将防护、治理、翻新、晶硬、维护等工作内容联合起来，再加上有关的养护产品和养护机械的生产销售，保守估计这一产业全国每年至少有数百亿元的产值，未来 10 年可达到数千亿元。相对于石材矿山开采和加工，这一产值的数目或许还不够大，但是：

（1）石材养护业的毛利率比石材矿山开采要高得多。

(2)从全国来讲,真正入门的人数还不多。

(3)石材养护的技术种类多,技术含量较高。

(4)由于石材资源的减少、人们环保意识的增强,以及石材保有量的逐年增加,这种剪刀差将使石材养护业占石材工业的比重很快提高。

这样,就留给了参与这一行业的群体和个人可观的商业机遇和发展空间。

五、将石材养护业做大做强

随着石材养护市场需求的急剧扩大:一方面,来自石材安装、外墙清洗、装饰装修、水磨地坪、酒店保洁等行业的人员相继参与,这些队伍的人员素质、技术水平、施工设备和所用材料等相差很大,往往各行其是,翻新工程和养护工作的质量存在着明显差异,无序竞争导致不合理的价格战时有发生;另一方面,石材养护业小企业众多,鱼龙混杂,行业内部的技术标准和规范还不完善,各养护企业之间缺乏信息交流和沟通。无自律性和不规范的市场竞争是目前阻碍石材养护业进一步发展的最大问题。

为了把握住商机,使石材养护业做大做强,我们需要进一步开展以下工作:

(1)大力开办养护技术学习班,提高从业人员的理论和技术水平,增强实际操作能力,熟悉已有技术标准和规范,开展施工技术交流,以提高行业整体的技术水平,并从职业资格上构筑行业的技术门槛。

(2)加强石材养护业高层论坛和展会的组织工作,提高参会者的积极性,以增强行业内部的沟通和联系,推广新技术和新产品,培养和宣传本行业的知名品牌,促进企业优胜劣汰和各种形式的联合。

(3)主动参与制定或协助制定有关技术标准,加强监督和监测机构的作用,规范行业行为。除进一步完善防护剂国家标准外,继续完成与清洗和翻新有关的行业或国家标准的起草等。

(4)加强石材养护业在建筑和装饰装修等领域作用的宣传力度,普及科学养护重要性的理念,扩大行业的影响力,提高在民众中的知名度。

总之,只有共同努力才能把石材养护业做大做强,一个强大的行业可供分割的利润才会更多。谁能尽早利用行业提供的平台,掌握其中的科学技术和经济规律,谁就有可能把握住较大的商业机会。

第一章　石材及其养护的基础知识

第一节　石材的分类

现在使用的石材几乎包括了地球上的各类岩石，品种繁多。石材的分类方法也有许多种，常见的分类有岩矿分类、成因分类、岩矿化学性能分类、装饰性能分类、工业分类、商业分类等。

根据岩石学的概念，石材的母岩不外乎火成岩、沉积岩、变质岩三大类，其各大类中又可分为花岗石、大理石、板石、砂石。

火成岩又称岩浆岩，是地下熔融的岩浆冷凝后形成的岩石。沉积岩是地壳上原有的岩石经风化、搬运、沉积而成的岩石。变质岩是原有的岩石（火成岩、沉积岩、变质岩）在地壳中受高温高压以及化学成分渗入的影响，在固体状态下发生剧烈变化后形成的新岩石。这样就派生出各种各样的石材。

石材的商业分类主要是根据石材的硬度、加工性能、应用特征、产品流通的特点来确定石材分类的。在商业分类中，将石材划分为花岗石（麻石）、大理石（云石）、板石、砂石、碎石五大类。但这里的花岗石、大理石、板石、砂石与岩石学中的花岗岩、大理岩、板岩、砂岩的概念不同，前者只是一个石材商品分类名称，后者是学术专业名称。二者的概念完全不同，分别属于应用、流通与专业研究两个领域的内容。

在石材工业及流通领域中，通常将火成岩中的玄武岩（如福鼎黑）、辉绿岩（如四川天全二郎山菊花绿）、闪长岩（如天全邮政绿、宝兴绿）、花岗岩等，变质岩中的片麻岩（如山东白麻、贵妃红）和混合岩（如加州金麻、河北平山幻彩石）等，沉积岩中的碎屑岩（如广西五彩石）和化学沉积岩都通称为花岗石，一般质地较硬。同样，在石材工业及商业流通领域中，将大理岩、白云岩、石灰岩、灰岩、蛇纹岩等通称为大理石，一般质地较软。

石材的商业分类基本上可以满足石材应用中的需要，但此分类方法是不科学的，也是不严谨的。

石材的商业、岩石、成因分类见表 1-1。

石材的用途分类主要是根据其使用行业、范围、用途等方面来划分的，详见表 1-2。

表 1-1　石材的商业、岩石、成因分类

商业分类		岩石分类	成因分类		岩石亚类				
					主要代表岩石				
					超基性岩	基性岩	中性岩	酸性岩	碱性岩
石材	花岗石	火成岩	侵入岩	深成岩	辉石岩	辉长岩、斜长岩	闪长岩、正长岩	花岗岩、花岗闪长岩	霞石正长岩
				中成岩	—	细粒辉长岩、辉绿岩	细粒闪长岩、正长岩	细粒花岗岩	细粒霞石正长岩
				浅成岩	—	辉长玢岩、辉绿玢岩	闪长玢岩、正长斑岩	花岗斑岩	霞石正长斑岩
			喷出岩		—	玄武岩	安山岩、粗面岩	流纹岩	响岩
		沉积岩	陆源碎屑岩		砂砾岩、砾岩				
			火山碎屑岩		熔结凝灰岩、玻屑凝灰岩、晶屑凝灰岩、集块岩、角砾岩				
			化学沉积岩		硅质岩				
		变质岩	区域变质岩		片岩、片麻岩、变粒岩				
			混合岩		混合岩、混合花岗岩				
	大理石	沉积岩	陆源碎屑岩		竹叶状灰岩、鲕状灰岩、球状灰岩、瘤状灰岩				
			生物沉积岩		藻礁灰岩、生物灰岩、生物泥灰岩、生物泥晶灰岩、生物礁灰岩				
			化学沉积岩		灰岩、白云岩、白云质灰岩、灰质白云岩、石灰华、石膏岩				
		变质岩	接触变质岩		大理岩、硅灰石大理岩、白云大理岩、蛇纹石化大理岩、角岩				
			气成热液岩		蛇纹石化镁橄榄岩				
			动力变质岩		角砾状大理岩、微裂隙大理岩、碎裂灰岩				
			区域变质岩		方解石大理岩、白云石大理岩、透辉石大理岩、大理岩				
			混合岩		蛇纹石化橄榄矽卡岩、条带状混合岩				
		火成岩	深成岩		纯橄岩、橄榄岩				
			气成热液岩		方解石脉				
	板石	变质岩	区域变质岩		板岩、板状石灰岩、板状硅质岩、千枚岩、片岩				
		沉积岩	黏土岩		页岩				
	砂石	沉积岩	陆源碎屑岩		砂岩、粉砂岩				
		变质岩	区域变质岩		板状砂岩				
	碎石	海成砂、河成砂			海砂、河砂				
		冲积风化砾石			砾石、鹅卵石				
		冲积碎石、风化碎石			碎石、角石				
		米石			大、中、小米石				

表 1-2　石材的用途分类

石材的用途类型及制品						具体用途
天然石材	装饰石材	饰面石材	花岗石		精细板、粗面板、异型板	墙地面湿贴、干挂
			大理石			
			砂石			
			板石		剥片平面板	墙地面湿贴
		文化石	花岗石		片石、毛石、石板、蘑菇石等	文化墙、背景墙、矮墙、铺路、盖瓦、假山
			大理石			
			砂石			
			板石		板石、板状砂石等	
			砾石		鹅卵石、风化石、冲积石等	
			品石	抽象石	灵壁石、红河石、风砺石等	案几摆设、观玩赏
					太湖石、海蚀石、风蚀石	园林、公园、街景等构景用
				无象石	黄山石、泰山石等山石	
				象形石	大型象形山石	构成风景区的美景
					鱼、鸟、草、木等化石	案几摆设、观玩赏
					雨花石、钟乳石等	
				图案石	云灰、彩花等大理石及少量花岗石、砂石的平面板	屏风、背景墙、家具装饰
		宝玉石	宝石		钻石、红宝石、祖母绿、翡翠、蓝宝石、琥珀等	首饰、佩饰、工艺品雕刻、观玩赏等
			玉石		硬玉、白玉、碧玉及岫玉、水晶、鸡血石、玛瑙、青田石、寿山石、田黄等	
			彩石		密玉、煤玉、砚石、火山玻璃、菊花石、汉白玉、部分花岗石	
	建筑石材	建筑辅料用石			碎石、角石、米石	混凝土拌料、人造石材
					块石、毛石、整形石	基石、墙体、铺路
					河海砂、砾、碎石	建筑混凝土用
	用品石材	墓葬用石			花岗石、大理石	墓碑、骨灰盒等
		雕刻用石			花岗石、大理石、砂石	仿古、壁画、影雕等雕刻
		工艺用石			滑石岩、叶蜡石岩、高岭石岩、蛇纹岩、石膏岩等	工艺品雕刻等
		生活用石			花岗石、大理石块石、条石	石凳、石桌、茶几、屏风、烟灰缸、花瓶等
		化学工业用石			块石、条石	酸碱、废水油、电解电镀池槽等
		工业原料用石			海砂、辉长类花岗石、白云质岩、大理岩	玻璃、铸石、岩棉、冶金熔剂、水泥、电石等
		农业用石			石灰岩、蛇纹岩类	肥料、磨碾、水沟等
		轻工业用石			重钙粉、轻钙粉、纳米级碳酸钙石粉等	造纸、油漆、涂料的填料，制糖、石油化工净化材料等

注：1. 表中的花岗石、大理石、砂石、板石的使用范围见表 1-1。

2. 石材还有其他的分类方法，但不常用，在此不再介绍。

第二节　石材的矿物组成

矿物是具有比较固定的化学成分和物理性能的自然均质体(单质或化合物),它是地壳中各种地质作用的产物。矿物是组成各种岩石(石材)的最基本单元。不同的岩石由不同比例、不同种类及不同化学成分的矿物组成。不同矿物的聚合就表现出岩石(石材)相应的外观和基本的物理、化学特性。

石材的矿物成分主要由长石、石英、云母、角闪石、辉石、白云石、方解石、铁镁矿物等中的若干种组成,详见表1-3。每种矿物都具有一定的结晶构造、化学成分、物理性能等特征,因此同一种石材的矿物成分基本相似。但另一方面,矿物形成的条件差异,或有其他外来元素及物质的影响,导致矿物特征的差异,例如,颜色差异、晶体颗粒大小差异、解理差异等,因此也会出现相同的矿物在同一品种石材或不同品种石材中的外观不尽相同。

由于组成石材的各种矿物具有各自的特征,因此在研究、探讨一种石材品质或病变时,应首先对该石材内部的组织物质(矿物)进行探讨,然后再进行整体考虑(结构、花纹、材质、外界环境等),这样就可以作出全面的评价,找到有效的治理方法。

一、长石

长石是一种含钾、钠、钙的架状结构的铝硅酸盐矿物。富含钾、钠的长石称为碱性长石。富含钠、钙的长石称为斜长石。根据钠长石、钙长石两者比例的不同,又可分为基性斜长石、中性斜长石和酸性斜长石。

花岗石的底色主要取决于长石,钾长石通常呈红色,以含钠、钙量高的斜长石为主的花岗岩则呈灰白色,当部分长石中混含有其他元素时,则会改变其基本色调。

矿物晶体在外力作用(敲打、挤压)下,严格沿着一定的结晶方向破裂,并能裂出光滑平面的性质,称为解理。

长石是解理发达的矿物,长石的解理越发达,则显示其受风化的程度越高,或是受外力作用越强。解理发达的结果将导致长石发生片状剥离、脱落或光泽度下降,并且使石材容易受到污染,发生铁锈、高岭土化、色差等。解理发达的石材,其物理性能(抗压强度、抗弯强度)会下降。另外,如果石材锯切面平行于长石的解理面,则会在石材表面出现绢丝雾状的不均匀光泽,造成抛光板的瑕疵。

节理是肉眼或显微镜下可观察到的微小、不连续裂痕。长石是颗粒状脆性矿物,所以长石上的节理现象比较明显。节理俗称鸡爪纹,它对石材的品质和病变的发生都有严重的负面影响,而且影响美观、降低光泽度、促进风化、引起色差。

二、石英

石英是由二氧化硅晶体组成的矿物,它具有硬度高、耐磨性强、抗风化等特性。一般为透明或乳白色,但当其掺杂其他元素后呈现多色性,如灰色、黑色等。

石英一般无解理性质,但由于脆性高,故容易因外力作用而产生微破裂或微裂隙,这样便会降低石英的透明度并引起组织松散,从而增加石材受污染的机会,产生石材病变。

表 1-3　石材中的常见矿物

矿物名称	化学成分	晶形	颜色	莫氏硬度	体积密度（g/cm^3）	分布情况	说明
石英	SiO_2	常呈他形粒状	无色透明，常含各种杂质，呈各种颜色	7	2.65	常在浅色、红色花岗石中（除碱性岩外），如西丽红、石棉红、G603 等中常见。黑色花岗石，如福鼎黑、济南青中则无。大理石中也偶见	石英含量的多少是岩浆岩分类的重要依据之一，对石材加工的难易程度和光泽度都大有影响
斜长石	复杂的硅酸盐，其化学成分随着酸度的提高，钙、钠含量有规律地变化，从 $Ca(Al_2Si_2O_8)$ 到 $Na(AlSi_3O_8)$	板状、柱状	白色或灰白色	6～6.5	2.61～2.78	广泛分布在岩浆岩和变质岩中，花岗石中几乎都含有斜长石，而且含量都较高	
钾长石（正长石、透长石、微长石）	$K(AlSi_3O_8)$	常呈短柱、板状	肉红色、浅黄红、浅黄白色或白色	6	2.5～3	广泛分布在中酸性花岗岩和碱性岩中，浅色、红色花岗石中含量较高	
方解石	$CaCO_3$	板状、柱状、各种菱面体，集合体为粒状	无色或白色，含杂质时为灰、黄、浅红（含 Ca、Mn）、绿（含 Fe）、蓝（含 Cu）等色	3	2.7	为石灰岩、大理岩中的主要矿物，也是所有大理石中的基本成分	遇冷盐酸起泡
白云石	$CaMg[CO_3]_2$	菱面体、粒状、柱状，集合体呈粒状、块状	无色或白色，含铁时为黄褐色，含锰时略带淡红色	3.5～4	2.8	为白云岩中的主要成分，在灰岩和大理岩中的含量仅次于方解石，因此也是大理石中的基本成分。在板岩中有时也较多	
黑云母	$K(Mg,Fe)_2[AlSi_3O_{10}](OH,F)_2$	常呈片状或鳞片状	黑色、棕色、褐色，有时呈绿色，玻璃光泽	2～3	3.02～3.12	在酸性的岩浆岩中普遍存在，在浅色、红色的花岗石中常出现	黑云母多会增加石材抛光难度

续表 1-3

矿物名称	化学成分	晶形	颜色	莫氏硬度	体积密度(g/cm³)	分布情况	说明
普通辉石	$Ca(Mg,Fe,Al)_2[(Si,Al)_2]O_6$	短柱状	绿黑、蓝黑色，少数呈暗绿色或褐色	5.6～6	3.2～3.6	为基性岩浆岩中的主要成分，如济南青、珍珠黑、竹潭绿等花岗石中都含有辉石。浅色花岗石中则少或无	
角闪石	复杂的硅酸盐	长柱状	绿色—黑色	5.5～6	3.1～3.3	中性岩浆岩中有较多的分布	
绿帘石	$Ca_2[FeAl]_3[SiO_4][Si_2O_7]O(OH)_8$	常呈柱状，集合体呈放射状或粒状	呈各种色调的绿色，含铁多则绿色加深	6～6.5	3.05～3.38	存在于基性岩浆岩中，花岗石中绿色主要由绿帘石引起	
绿泥石	复杂的硅酸盐	鳞片状	浅绿色，含铁多则绿色加深	2～2.5	2.6～2.8	基性岩浆岩中的辉石、角闪石常次生变成绿泥石，其常存在于绿色、黄绿色花岗石中	
蛇纹石	$Mg_6[Si_4O_{10}](OH)_8$	致密块状或片状、纤维状	一般为绿色或草绿色	2.5～3.5	2.5～2.7	超基性岩经热液变质而成，存在于绿色系列大理石中，如大花绿、丹东绿	
磁铁矿	$FeFe_2O_4$	粒状	铁黑色	5.5～6.5	4.9～5.2	花岗石中分布很广，深色花岗石中含量高，大理石中偶然有见	浅色花岗石中呈黑色星点状分布的大都是磁铁矿
黄铁矿	FeS_2	常呈立方体，集合体呈致密块状	浅铜黄色	6～6.5	4.9～5.2	分布很广，常存在于浅色花岗石和大理石中	黄铁矿氧化后生成锈褐色的褐铁矿等，是饰面石材中的有害矿物，风化后留下空洞或黄斑
褐铁矿	$Fe_2O_3 \cdot nH_2O$	蜂窝状、土状、钟乳状、葡萄状，有时呈黄铁矿的假象	黄褐、暗褐至褐黑色	1～4	3.3～4	为表生矿物，常分布在石材矿的地表部分。是黄铁矿、方铅矿、闪锌矿、磁铁矿等氧化后的产物	褐铁矿是饰面石材中的有害矿物，其氧化后生成锈斑

三、云母

云母是铁、镁、钾等的层状结构铝硅酸盐水合物，具有极完全的片状解理，可沿解理剥成具有弹性的薄片。云母又可分为黑云母和白云母，黑云母是含铁、镁的云母，白云母是含钾的云母。虽然云母在石材中的含量远低于长石与石英，但它对石材品质的影响不小。由于云母质软、硬度低，因此在石材研磨抛光时，云母解理面发生破裂而使表面出现无光泽的麻点，或者引起云母剥落而形成凹洞，影响了石材的美观。另外，黑云母中的铁质也会引起锈斑。

四、辉石、角闪石

辉石是铁、镁、钙、钠、铝的链状结构硅酸盐矿物。

角闪石是含氢氧根（OH^-）的铁、镁、钙、钠、铝的链状结构硅酸盐矿物。

辉石、角闪石一般呈黑色或绿色，硬度高（莫氏硬度 6～7）、韧性强、光泽度高。它是石材结构组织中的良好矿物。但此类矿物常具有两组垂直的解理，故容易产生裂痕。另外，此类矿物较长石、石英容易风化，产生石材结构松散或形成斑点和凹坑，影响石材美观。

五、铁、镁矿物

铁、镁矿物主要包括磁铁矿（$FeFe_2O_4$）、黄铁矿（FeS_2）、褐铁矿（$Fe_2O_3 \cdot nH_2O$）、菱铁矿（$FeCO_3$）、菱镁矿（$MgCO_3$）。

在黑色系列的石材中铁、镁矿物含量较高，可达 50% 以上，它存在于辉石、角闪石、橄榄石及部分中性、基性斜长石中。在白色、灰色、红色系列石材中，铁、镁矿物含量较低，一般不超过 5%，因此它对此类石材影响不大。

六、方解石（石灰石）

方解石是由碳酸钙（$CaCO_3$）组成的矿物，莫氏硬度 3，耐酸性差、易风化、光泽度高，一般呈白色或无色，含杂质时呈黄、绿、灰等颜色。

石灰岩类大理石主要是由方解石组成的，其含量不少于 50%，如杭灰、宜兴奶油、贵州黑等。

七、白云石

白云石是由碳酸钙镁（$CaMg(CO_3)_2$）组成的矿物，莫氏硬度 3.5～4，耐酸性、耐候性均强于方解石，一般呈白、灰白、灰黑等颜色。

白云岩类大理石主要是由白云石矿物组成的，其中碳酸镁含量达 45% 以上。白云岩一般为均匀的微粒结构，如我国的汉白玉、皖螺均属白云岩。

第三节　石材的结构构造与吸水机制

一、石材的结构构造

从地质学的角度分析，石材包括成因、成分、结构、理化特性等方面，为了更好、更直观地将石材的诸多特性与石材护理各有关方面相联系，我们从材料学的角度将石材简单地分为胶结料、集料和孔隙三部分，即石材是由胶结料、集料和孔隙三部分组成的。其中，重要胶结料包括碳酸盐（如 $CaCO_3$）、硫酸盐（如 $CaSO_4$）、硅酸盐（如 $3CaO \cdot SiO_2 \cdot H_2O$）、铝酸盐（如 $3CaO \cdot Al_2O_3 \cdot H_2O$）、铁盐（如 $4CaO \cdot Al_2O_3 \cdot Fe_2O_3 \cdot H_2O$）等，重要集料包括石英砂 SiO_2、石灰岩砂 $CaCO_3$、纤维、玻璃纤维、轻集料、黏土、陶粒、珍珠岩等，孔隙包括微孔隙（$r < 10^{-7}$ m）、毛细孔隙（10^{-7} m $< r < 10^{-4}$ m）、气孔隙（$r > 10^{-4}$ m）。

二、石材孔隙

石材内部的孔隙多种多样，按孔的大小即孔径可分为微孔隙、毛细孔隙和气孔，其孔径由小到大。通过观察分析，按孔隙的形状将石材内部的孔隙归纳为以下几种：贯穿性孔隙、气孔隙和憎水性气孔隙、与气孔隙连接的毛细孔隙、封闭性孔隙、盲孔隙、瓶颈式孔隙以及连接孔隙等。参考形状见图 1-1。

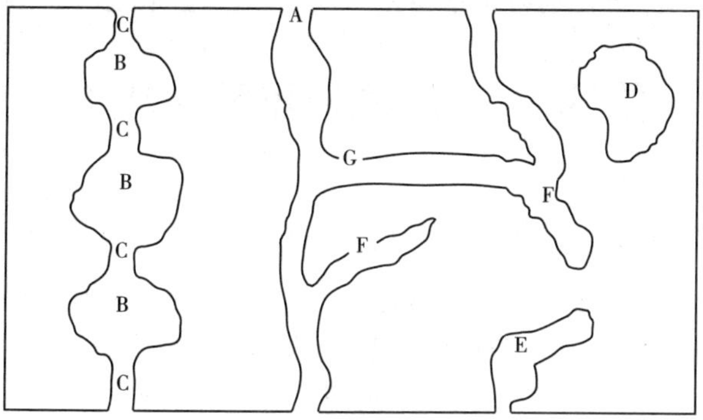

图 1-1　石材孔隙系统示意图

A—贯穿性孔隙；B—气孔隙和憎水性气孔隙；C—与气孔隙连接的毛细孔隙；
D—封闭性孔隙；E—盲孔隙；F—瓶颈式孔隙；G—连接孔隙

三、石材的吸水机制

石材的吸水机制与石材的孔隙密切相关，石材孔隙的直径决定了石材的吸水机制。石材液态水的吸收机制是主动式自愿充填孔隙毛细水和被迫充填孔隙渗流水。而石材气态水的吸收机制是当空气相对湿度为 100% 时的凝结作用、空气相对湿度小于 100% 时的毛细凝结作用，以及空气相对湿度大于 50% 时的吸湿作用（与石材盐含量有关）。由于石材存在着多种孔隙，会吸收多种状态的水，如液态水和气态水，而且会以不同形式吸收，如主动式的和被动式的。吸水机制与孔隙的关系见表 1-4。

表 1-4　吸水机制与孔隙的关系

微孔隙（胶体孔隙）	毛细孔隙（大孔隙）	气孔隙
毛细凝结作用 凝结作用	毛细作用 凝结作用 吸湿作用	下渗水 高压下吸水 凝结作用 吸湿作用

10^{-9}　10^{-8}　10^{-7}　10^{-6}　10^{-5}　10^{-4}　10^{-3}　10^{-2}

孔隙直径（m）

上面阐述的是石材的吸水机制，从中可以看出石材吸水的模式。石材吸水是随着石材孔径由小变大而由两种模式变为四种模式，石材吸水难易程度由难到易。而影响石材的吸水多少即吸水率，主要与石材的孔隙率、孔径的大小、孔隙的形态等因素有关。如石材的孔隙率高，其吸水率就大；石材孔隙的直径大，其吸水率就大，且速度快；石材贯穿性孔隙发育，其从背面及侧面的吸水率就大，但干燥的速度也快。石材的气孔隙、与气孔隙连接的毛细孔隙、盲孔隙和连接孔隙发育，其吸水率及吸水量就大。

四、石材吸水后的病害

水是石材最主要的病害或诱因，石材由于吸收水会产生冻融病害、水力膨胀与收缩、微生物附生、水溶性污染物的污染等。石材由于吸收水及溶于水中的有害物质（水溶性盐及气体）会产生盐结晶病害、盐水解病害，提高了由于吸湿作用而产生的平衡水蒸气含量，还会产生冻融盐病害以及由于胶结料化学转变形成可溶性盐而减少胶结料含量等病害。

第四节　石材的开采与加工

一、石材开采

石材开采不同于一般矿床的开采，石材开采的主要特点是要利用石材矿石的物理性能，即要求石材具有一定的强度、尺寸规格（成块性）、装饰性（颜色、花纹、可加工性、耐腐蚀性）等。因此，石材开采必须对岩体采取保护性的开采，以便获得完整性良好的荒料，尽量避免爆破放炮，更不能采用高威力炸药来爆破开采。从矿床中开采出具有一定规格尺寸的无裂隙的长方体块石，工业上称之为荒料。对于荒料的规格尺寸、外观质量、物理性能，我国有专门的行业标准。

根据石材矿体的赋存条件，石材开采可分为露天开采和地下开采，我国目前的石材开采基本上均采用露天开采。花岗石和大理石因材料性质的不同，各有不同的开采工艺方法。一般来说，石材开采通常分为分离、顶翻、解体分割、荒料整形、吊装运输、清渣六个主要步骤。

（一）分离

使用机械（金刚石串珠绳锯、链臂式切割机等）、火焰（火焰切割机）或水力（水刀）等切割方法，将长 5 ~ 20 m、高 3 ~ 5 m、宽 1 ~ 3 m 的条状块石从矿体原岩上分离下来。

（二）顶翻

使用液压顶石机、推移气包或牵引法，将直立的条状块石放倒。在翻倒前，地面上应预先铺垫一些小碎石，碎石层可起缓冲作用，以免条状块石破碎断裂。

（三）解体分割

在翻倒的条状块石上，按所需荒料规格将条状块石分割成毛荒料或荒料。解体分割可采用人工打楔、凿岩劈裂、凿岩控制爆破、机械切割等方法。

（四）荒料整形

解体分割后形成的荒料毛坯，其形状或尺寸可能不符合荒料规格要求，采用手工锤打或机械（手持式凿岩机、整形机、金刚石串珠绳锯）方法进行整形，使荒料毛坯成为符合规格要求的成品荒料。

(五)吊装运输

采用吊装机械和运输机械,将成品荒料从矿山采场运往加工厂或荒料市场。

(六)清渣

成品荒料运走后,采场上剩下的不成荒料的块石采用人工或机械方法进行清理,运往废石场或综合利用加工厂。

二、石材加工

石材经加工后成为产品,石材产品种类很多,其中,大理石和花岗石建筑板材所占的比例最大。根据国家标准《天然花岗石建筑板材》(GB/T 18601—2001)和行业标准《天然大理石建筑板材》(JC/T 79—2001),建筑板材按形状可分为普型板(PX)、圆弧板(HM)、异型板(YX),按表面加工程度可分为亚光板(YG)、镜面板(JM)、粗面板(CM)。建筑中使用最多的是厚度大于12 mm的普型板,其板面最大尺寸可达3 m长、2 m宽,通常称为大板。另外一种板面宽度只能达到0.65 m左右,长约2 m,通常称为60板。大理石镜面板的光泽度要求不低于70度,花岗石镜面板的光泽度要求不低于80度。

(一)花岗石大板加工工艺

在加工厂中,用锯石机(又称框架锯、砂锯)将花岗石荒料锯割成毛板,然后将毛板上的钢砂、泥浆冲洗掉,再将毛板送入连续磨机中进行粗磨、细磨、精磨、抛光,经检验后,合格的毛光板既可包装入库或出厂,也可以根据工程要求,将毛光板切割成规格板材。另外,根据使用要求,毛板也可以加工成粗面板(烧毛板、机刨板、凿毛板等)或亚光板。

花岗石60板的毛板是在金刚石圆盘锯机上进行锯割加工的,由于金刚石锯片加工性能与价格的原因,目前我国的石材加工厂使用金刚石圆盘锯机锯割毛板时,一般只能加工到板宽600 mm左右。使用金刚石圆盘锯机锯割加工的毛板在厚度、平面度上均较框架锯的差,因而也影响着成品板材的质量及以后的装饰质量。

(二)大理石大板加工工艺

使用金刚石框架锯将大理石荒料锯割成毛板,然后根据大理石品种的特性,有些品种的大理石毛板底面(背面)需要粘接强力网,有些品种的大理石毛板正面需要补胶或填孔,待胶固化后,再将毛板送入连续磨机中进行粗磨、细磨、精磨、抛光,经检验后,合格的毛光板既可以包装入库或出厂,也可以根据工程要求,将毛光板切割成规格板材。另外,根据使用要求,毛板也可以加工成粗面板(大理石烧毛板、机刨板、凿毛板等)。

大理石60板的毛板也是在金刚石圆盘锯机上进行锯割加工的,但由于使用金刚石圆盘锯机锯割加工的毛板质量比金刚石框架锯的差,因而也影响着成品板材的质量及以后的装饰质量,所以大理石60板现在市场上已不多见。

三、建筑装饰石板材的表面加工状况

根据使用要求的不同,建筑装饰石板材的表面加工状况可分为抛光面、亚光面、自然面、火烧面、斧剁面、机刨面、荔枝面、菠萝面、蘑菇面、仿古面等。

(一)抛光面

石材表面通过使用抛光机械、磨片等材料经过物理化学原理打磨,使石材表面平整,并产生较强的反射光。

(二)亚光面

亚光面石材表面平滑,但是低度磨光,产生漫反射,无光泽,不产生镜面效果,无光污染。一般先加工成光面后再进行亚光处理。

(三)自然面

石材开采切割后不经任何化学或物理处理,保留表面自然状态,或是石材沿其自然纹理分裂开,形成自然的凹凸状态。

(四)火烧面

火烧面指用乙炔、氧气或石油液化气等为燃料产生的火焰加工,使石材表面暴落,形成凹凸不平的不规则表面效果。

(五)斧剁面

斧剁面也叫龙眼面,是用剁斧敲在石材表面上,形成非常密集的条状纹理,有些像龙眼表皮的效果。

(六)机刨面

机刨面是使用机械将石材表面加工成条状凹凸面,表面较粗糙,带有明显的机切纹路。

(七)荔枝面

荔枝面是使用机械花锤将石材表面加工成荔枝状表面,表面粗糙,凹凸不平,石面上布满密密麻麻的小洞。

(八)菠萝面

菠萝面比荔枝面更粗糙,就像菠萝的表皮一样。

(九)蘑菇面

蘑菇面一般是用人工劈凿的,效果和自然劈开相似,但是石材的表面却是呈中间突起、四周凹陷的不规则形状。

(十)仿古面

仿古面是模仿石材使用一定年限后的古旧效果。一般用仿古剂或仿古研磨刷来处理,使石材形成凹凸不平的表面。

第五节　建筑装饰石材的安装施工

建筑装饰石材的安装施工方法主要有湿法工艺、干法工艺、粘贴工艺和 G. P. C 工艺。

一、湿法工艺

湿法工艺是装饰石材传统的铺贴方法,其中包括湿贴、挂贴两种施工方法。

湿贴工艺是在建筑物基体表面抹上水泥砂浆作为结合层,然后将石材粘贴在结合层上。这种施工方法常用于石材地面的铺设、墙裙和踢脚的铺贴。

《建筑地面施工质量验收规范》(GB 50209—2002)中,对石材地面安装的允许偏差规定如表 1-5 所示。

表1-5　石材地面安装的允许偏差

项目	表面平整度	缝格平直	接缝高低差	踢脚线上口平直	板块间隙宽度
允许偏差(mm)	1.0	2.0	0.5	1.0	1.0
检验方法	用2 m靠尺和楔形塞尺检查	拉5 m线和用钢尺检查	用钢尺和楔形塞尺检查	拉5 m线和用钢尺检查	用钢尺检查

挂贴工艺是在建筑物基体表面挂上钢筋网或金属导轨、水泥钉等,用铜丝或镀锌铁丝将石材绑扎在钢筋网或金属导轨、水泥钉上,然后在缝隙中灌注水泥砂浆粘接牢固。这种施工方法的优点是牢固可靠,缺点是工序烦琐,特别是灌注水泥砂浆时容易污染石材和使石材移位。常用于30 m以下的室内外石材墙面、柱面的铺贴。高度在30 m以上的墙面、柱面石材安装建议采用干法工艺施工。关于施工技术要求可遵循国家标准《建筑装饰装修工程质量验收规范》(GB 50210—2001)和行业标准《外墙饰面工程施工及验收规范》(JGJ 126—2000)中的有关条文执行。

二、干法工艺

干法工艺又称干挂工艺,它是在石材上钻孔或开槽,然后用金属连接件将石材与建筑物主体结构上的钢架连接固定。建筑主体与石材之间的缝隙中不需再灌注水泥砂浆。这种施工方法的优点是牢固可靠、安全,对石材污染的可能性小。目前,在室内外石材装修工程中应用很广。

三、粘贴工艺

粘贴工艺是采用水泥浆、聚合物水泥浆、环氧树脂、多力胶等胶结材料将饰面石材粘贴牢固。这种施工方法适用于铺贴地面和小规格板材、薄板及铺贴高度较低的饰面。目前,国内在石材装修工程中采用粘贴工艺的不是很多。

四、G. P. C 工艺

G. P. C 工艺是以钢筋网做底衬,以花岗石做饰面板,两者间用不锈钢环连接,将花岗石面板与板后的钢筋网绑扎连接,再浇筑混凝土,使其成为以钢筋混凝土做底衬板的整体复合板,通常高度为一个楼层高,宽度为4.5 m左右,通过连接件挂到建筑物主体结构上。这种工艺实现了工厂化生产,缩短了现场施工时间,是一种先进的工艺方法,可用于高层建筑,也称为单元式幕墙。目前,国内的一些大型建筑施工中常采用。

第六节　石材装饰常用的胶结材料

在建筑工程中,将散粒材料或块状材料黏结为一个整体的材料,统称为胶结材料。胶结材料分为无机(矿物)胶结材料和有机胶结材料。水泥、菱苦土、石膏、石灰等属于无机胶结材料,石材水晶胶、强力胶、云石胶、干挂AB胶等属于有机胶结材料。下面将简单介绍一些与石材装饰有关的胶结材料。

一、水泥

湿贴石材常用的胶结材料是水泥。水泥的品种很多，工程中常用的水泥有硅酸盐水泥、普通硅酸盐水泥（简称普通水泥）、矿渣硅酸盐水泥（简称矿渣水泥）、火山灰质硅酸盐水泥（简称火山灰水泥）、粉煤灰硅酸盐水泥（简称粉煤灰水泥），最常见的是前三种。

一定比例的石灰（氧化钙）、黏土、铁矿粉经过混合及煅烧至部分熔融，再加入石膏（硫酸钙）后磨细，便制成硅酸盐水泥。硅酸盐水泥普遍呈碱性。

硅酸盐水泥加入适量的水调制后发生水化反应，生成水化硅酸钙、氢氧化钙、水化铝酸钙、水化铁酸钙、水化硫铝酸钙。这五种水化物产生的多少、比例、快慢决定了水泥的强度和各种性质。另外，如果水泥中含有较多的游离石灰（氧化钙）、游离氧化镁或石膏（硫酸钙），也将影响工程质量。因此，湿贴石材所采用的水泥应既能满足黏结强度的要求，又不影响石材的装饰效果。

湿贴石材尽量选择大水泥生产企业的产品，宜采用 32.5 级（$325^{\#}$）以上的硅酸盐水泥、普通硅酸盐水泥或矿渣硅酸盐水泥。小水泥生产企业的产品中往往不控制杂质含量，如果水泥中含有较多的游离石灰、游离氧化镁或石膏，水泥在凝结硬化过程中会出现龟裂、松脆的现象，影响黏结强度，同时容易出现泛碱、水斑等病症。选用白水泥，则应选用特级白水泥，因为特级白水泥中的锰、铁含量是受控制的，这样就减小了对石材污染的可能。

另外，拌制水泥砂浆的砂应尽量选用水洗砂，有的直采砂中的杂质含量很高，加水拌和后会浸出颜色和杂质，污染石材。水应采用清水，不可用 $pH < 4$（酸性）的水、沼泽水、污水、工业废水以及含硫酸盐类较多的水，它们都可能引起石材污染，并且水泥砂浆中水的用量不可过多，以减小石材被污染或出现水斑、空鼓的可能。

黏结石材的水泥砂浆的黏结强度应符合《建筑工程饰面砖粘结强度检验标准》（JGJ 110—2008）的规定。

也有采用有机胶结材料粘贴石材的，常用的有机胶结材料有环氧树脂、多力胶和各家公司生产的黏结剂。一般情况下，采用有机黏结剂粘贴石材较用水泥砂浆的效果好，石材被污染的可能性小。但是，如果使用的有机黏结剂质量不好，石材一旦被污染，则清除处理就更困难。建议使用前先做试验，观察效果。

二、云石胶

云石胶用于石材之间的黏结、毛板上的裂纹及孔洞修补或安装施工中的临时固定。云石胶是不饱和的二元酸和二元醇所生成的不饱和线形聚酯树脂与具有聚合能力的单体所构成的聚合物，属不饱和聚酯树脂。其凝固速度快，但耐候性、抗老化性、固化后防水抗潮湿能力以及机械强度均远低于干挂石材环氧胶粘剂（AB 胶、干挂胶）。

某些云石胶可能对石材产生油印水斑状的污染。

三、干挂石材环氧胶粘剂

干挂石材环氧胶粘剂又称 AB 胶或干挂胶，一般用于石材与金属（干挂件）之间的黏结，属改性环氧树脂聚合物，耐候性、抗老化性好，固化后防水抗潮湿能力强，冲击韧性、抗拉强度、抗压强度等物理性能优越。

某些干挂胶可能会对石材产生油印水斑状的污染，大大影响了石材的装饰效果。因此，选用干挂胶时应先做试验，以确定干挂胶的质量。

四、密封胶

建筑施工中使用的密封胶种类很多，其可分为建筑密封胶（又称耐候胶）和结构密封胶（又称结构胶）。石材硅酮密封胶是石材专用的密封胶，属建筑密封胶类，呈中性。合格的石材硅酮密封胶与石材相容，且不污染石材。有些质量差的密封胶呈酸性或碱性，会污染石材，出现油印水斑状的污染，很难清洗处理。同样，一般的玻璃胶均属酸性胶（可闻到醋酸的气味），也会污染石材，出现油印水斑状的污染。

第七节　石材及石材养护常用的名词术语

一、一般术语

石材　指从天然岩体中开采出来的石料，经加工整形成为板状、条状、块状，能被人们用做各种用途的材料。

建筑石材　具有一定的物理化学性能，可用做建筑材料的岩石。

装饰石材　具有装饰性能的石材。其概念较饰面石材更为广泛，除作饰面之用外，还可用于制作各种艺术雕刻品以及墙壁装饰石块等。

石材品种　按颜色、花纹等特征及产地对饰面石材所作的分类。

饰面石材　用来加工饰面板材的石材，饰面石材外表必须美丽大方，能高度满足美学上的视觉艺术要求，还必须具有一定的块度和符合物理化学性能的要求。

饰面板材　用饰面石材加工成的板状石材，可用于建筑物的内外墙面、地面、柱面、台面等饰面装饰，是装饰石材的主要用途。

板面颜色　指饰面板材表面对不同波长的可见光吸收和反射的结果。

大理石　商业上指以大理岩为代表的一类装饰石材，包括碳酸盐岩和与其有关的变质岩，主要成分为碳酸盐矿物，一般质地较软。

花岗石　商业上指以花岗岩为代表的一类装饰石材，包括各类岩浆岩和花岗质的变质岩，一般质地较硬。

光泽度　饰面板材表面对可见光的反射程度。

装饰性（装饰效果）　石材被用来装饰建筑物，以提高建筑物的美观程度和艺术价值、使用价值的性能。其综合反映出的外观效果称装饰效果。建筑物所需装饰的场所、部位不同应有不同的选材标准。

二、石材地质术语

石英　二氧化硅晶体。

长石　钾、钠、钙的架状结构铝硅酸盐矿物。

碱性长石　富含碱金属钾、钠的长石的总称。

斜长石　富含钠、钙的长石的总称。

云母　铁、镁、钾等的层状结构铝硅酸盐水合物，具有极完全的片状解理，可沿解理剥成具有弹性的薄片。

白云母　含钾的云母。

黑云母　含铁、镁的云母。

角闪石　含氢氧根（OH^-）的铁、镁、钙、钠、铝的链状结构硅酸盐矿物。

辉石　铁、镁、钙、钠、铝的链状结构硅酸盐矿物。

方解石　碳酸钙矿物。

白云石　碳酸钙镁矿物。

橄榄石　镁和铁的硅酸盐矿物。

蛇纹石　硅酸镁的水合物。

黄铁矿　二硫化铁矿物。

褐铁矿　以氧化铁的水合物为主要成分的混合物。

磁铁矿　四氧化三铁矿物，具有磁性。

全晶质结构　组分完全结晶而不含有玻璃质的结构。

隐晶质结构　组分结晶很细，仅能在显微镜下分辨的结构。

玻璃质结构　组分没有结晶，为纯粹玻璃质结构。

等粒结构　岩石中主要矿物颗粒大小基本一致的结构。

斑状结构　岩石中有大小截然不同的结晶颗粒，大颗粒称为斑晶，小颗粒称为基质。

鲕状结构　由球形或椭球形颗粒组成，其颗粒外形、大小像鱼卵。

碎屑结构　岩石中碎屑含量大于50%的结构。

生物结构　岩石中生物骨骼的含量大于30%的结构。

块状构造　岩石中矿物排列无次序、分布均匀的构造。

条带状构造　岩石中不同结构、不同矿物颗粒组成的不同颜色的条带相间排列的构造。

片麻状构造　岩石中矿物呈定向排列的构造。

岩浆岩　由岩浆冷凝而成的岩石。

沉积岩　由沉积物固结而成的岩石。

变质岩　原有的岩石经变质作用后形成的岩石。

橄榄岩　主要由橄榄石和辉石组成的深成超基性岩浆岩。

辉长岩　主要由基性斜长石和单斜辉石组成的深成基性岩浆岩。

辉绿岩　主要由辉石和基性斜长石组成的浅成基性岩浆岩。

玄武岩　成分与辉长岩相当的喷出的基性岩浆岩。

闪长岩　主要由中性斜长石和角闪石组成的深成中性岩浆岩。

花岗岩　主要由石英、长石、云母和少量其他深色矿物组成的深成酸性岩浆岩。

白云岩　主要由白云石组成的沉积岩石。

石灰岩　主要由方解石组成的沉积岩。

鲕状灰岩　具鲕状结构的石灰岩。

生物碎屑灰岩　由破碎的生物贝壳被碳酸钙胶结而成的石灰岩。

竹叶状灰岩　由圆形、椭圆形扁平砾石平行排列组成的石灰岩，在垂直切面上砾石的形状像竹叶。

叠层灰岩　具平行细纹层的灰岩。

大理岩　碳酸盐矿物(以方解石、白云石为主)大于50%的变质岩。

蛇纹石化大理石　含有大量蛇纹石的大理岩。

片麻岩　具片麻状构造,主要成分为长石、石英、云母的变质岩。

节理　把岩石分割成具有一定几何形状的岩块的裂隙系统。按岩块的形状分为柱状节理、板状节理、菱形节理等。

矿物颜色　矿物对不同波长的可见光选择性吸收和反射,在人眼中呈现出的各种颜色。

浅色矿物　又称“硅铝矿物”,是岩浆岩中含石英及含钾、钠(部分钙)较多的铝硅酸盐矿物的总称。主要有石英、长石和白云母等。

深色矿物　又称“铁镁矿物”,是岩浆岩中含铁镁成分较多的硅酸盐矿物的总称。主要有橄榄石、辉石、角闪石和黑云母等。

变彩　个别矿物由于晶格内存在有定向排列的细微包裹体对光反射、干涉后所引起的颜色,当从不同方向观察时,其颜色会发生改变。

光泽　矿物表面对可见光反射的能力。反射率越大,矿物的光泽就越强。

三、石材产品术语

毛料　由矿山直接分离下来的、形状不规则的石料。

荒料　由毛料经加工而成的、具有一定规格、用以加工饰面板材的石料。

料石　用毛料加工而成的、具有一定规格、用来砌筑建筑物的石料。

规格料　符合标准规格的荒料。

协议料　由供需双方协定规格的荒料。

毛板　由荒料锯解成规定厚度而未磨光、裁边的板状石材。

粗面装饰板材(粗面板)　表面平整粗糙,具有较规格加工条纹的板材。

剁斧板材　指用斧头加工成的粗面板。

锤击板材　指用花锤加工成的粗面板。

烧毛板　指用火焰喷烧花岗石表面,因矿物颗粒的热膨胀系数不同产生崩落而形成起伏有致的粗面花纹的板材。

机刨板材　指用刨石机将表面刨削、切割成条槽状粗面的饰面板。

细面板材(磨光板)　指经粗磨而表面平整光滑的板材。

镜面板材(抛光板)　指经研磨和抛光处理,表面平整,具有镜面光泽的板材。

镜面石材　石材装饰面被加工成具有镜面光泽的石材。

薄板　厚度小于等于15 mm的板材。

厚板　厚度大于15 mm的板材。

普型板　正方形或长方形的板材。

异型板　非正方形或长方形的板材。

协议板　由供需双方协定的板材。

亚光板　区别于光面板材的石材,常以装饰面不反射影像为判断标准,具有防滑功能。

亚光石材　石材装饰面被加工成细腻、能使光线产生漫反射现象的石材。

荔枝面板　用类似荔枝面的花锤经人工或机械冲击石材表面后得到的仿荔枝面的粗

面板。

龙眼面板 用一字形锤在石材表面交错敲击而呈现出如龙眼表皮状的板材。

蘑菇石 用劈、剁、铲、凿加工成规定规格，每块中部突出并且表面粗糙，而四周铲平，形如蘑菇状突起的块石，也叫馒头石。

四、石材性能及缺陷术语

装饰性 装饰石材的颜色、花纹及光泽等的总和反映出的外观效果。

花纹 由装饰石材的组分、结构、构造而呈现的图像。

光泽度 饰面板材表面对可见光的反射程度。

平度（平面度） 饰面板材磨光面的平整程度。

角度 饰面板材的磨光面上两个相邻棱线的夹角。

密度 岩石单位体积的质量。

硬度 饰面石材表面抵抗某种外来机械作用的能力，例如刻划、磨蚀、切削或压入表面的能力。通常用肖氏硬度表示，工业发达国家也有用欧洲石材硬度分类法来界定石材硬度的。

吸水率 用吸水的岩石质量与干燥岩石质量之比来表示。

吸水性 石材吸收水分的性质，所含水分的多少以吸水率（含水率）表示。

耐磨性 饰面板材的耐磨性能，以规定条件下干燥岩石单位面积的磨耗量表示。

耐酸性 饰面石材抵抗酸腐蚀的性能。

耐碱性 饰面石材抵抗碱腐蚀的性能。

弯曲强度 石材试件弯曲至破坏时所能承受的应力值，用 MPa 表示。

压缩强度 石材试件承受单向压缩力而破坏的应力值，用 MPa 表示。

抗冻性 岩石抵抗冻融破坏的能力。

裂纹 岩石中存在的细小裂隙（破裂面）。

微裂纹 石材表面细小的但并未破坏物理性能、不影响使用性能、不形成贯穿状的裂痕。

缝合线 岩石中呈锯齿状，一般不造成破坏性的曲线。

色线 与饰面石材基本颜色、花纹不协调的条纹状或条带状物质。

色斑 岩石中的析离体、残留体、捕虏体或不同成分的集合体构成饰面石材中与基本色调、花纹不协调的斑状物质。

两核 碳酸盐岩中的团块状包裹体，如燧石等。

砂眼 天然形成的、具有一定深度的凹坑，直径在 2 mm 以下。

孔洞 天然形成的、具有一定深度的凹坑，直径在 2 mm 以上。

凹陷 加工过程中表面有明显的碟状缺陷。

翘曲 装饰板材的弯曲。

棱角缺陷 饰面板材的棱和角受到的损伤。

污点 由原生、原次生形成的污染板材的异物。

坑窝 在加工过程中形成深度较深的凹陷。

鸡爪纹 花岗石中特有的，经风化作用或解体作用导致花岗石局部受压而产生的微裂，一般产生在花岗石热胀冷缩多次循环后，是产生石材病变的原因之一。鸡爪纹也会降低石材的美观和光泽，使石材微细管发育，变色、退色，形成粗糙面。

毛细孔　石材表面显露出的细小的管状能深入石材内部的小孔，是石材渗透或呼吸的通道。

石材耐污性　指石材与污染源接触后，本身不被沾染的程度，通常用石材的耐污性等级来判断，通过一定分值将石材耐污性进行等级划分。

透明度　物体允许可见光透过的程度，以 1 mm 厚的矿物透光程度为准，将矿物分为透明、半透明和不透明三级。

五、石材开采及加工术语

采场　回采矿石的场地。

回采　由矿体分离矿石的过程。

开采　从石材矿山的矿体中分离出具有一定规格的、无裂隙和内伤的荒料。

剥离　回采前将矿体周围的非矿体物质清除掉的过程。

锯解　将荒料加工成毛板的过程。

切割　将板材加工成一定尺寸的过程。

磨光　将毛板加工成具有平整光滑表面的过程。

抛光　将细面板表面加工成具有镜面光泽的过程。

六、石材安装施工术语

石材干挂件　将石材采用干式方法固定在建筑物主体上的一系列配套的金属件的总称。由于使用干挂件系列的不同，而出现了许多干挂件类型，目前主要有蝴蝶式、焊接式、背栓式、背挂式、缝接式、钢钩式、SE 式等。销针式作为最早的干挂件方法现在已经逐渐被淘汰。

石材干挂胶　也称干挂 AB 胶，是专用于石材与主体钢结构、建筑主体、板材之间黏结的一种专用胶。通常使用环氧树脂为主体胶液，配以固化剂而形成双组分。

七、石材养护术语

白华　在用水泥粘贴石材时，水泥中的碱性物质通过石材内部的毛细孔到达石材表面，干燥后留下的白粉状物质，也称泛碱。

底面型防护剂　通常使用在石材装饰面的反面，有时也使用在四周，即使用在除装饰面外的 5 个面上是湿法安装石材的非装饰面常用防护剂。

表面防护　仅对石材表面进行防护。

冰冻　石材的表面或浅表层结冰，是石材冻融破坏的主要因素。

剥落　石材外表有壳状、层状或粉状物脱落，是石材被风化或腐蚀后的现象。

草绳黄　捆绑石材的草绳对石材造成的黄色污染。

尘埃　细小的灰尘微粒，是堵塞石材微裂隙、毛细管、开放式空洞的基本物质。

底面防护　仅对石材的与被装饰基材相黏结的面（装饰面的背面）进行防护。

冻融　石材表面或浅表层结冰后融化，是破坏石材结构的因素之一。

翻新 打磨掉石材原有的表面,从而得到新鲜的石材表面。

防护剂表面能 指石材涂覆防护剂后的表面吸附、附着外界液体的能力。通常表面能越小,石材表面附着外界物质的能力越小,就越不易沾染污物和液体。

防护剂耐候性 指石材涂覆防护剂后,防护功能失效的时间。耐候性越好,防护剂的防护功能保持的时间越长。

防护剂重涂性 石材涂刷防护剂等化学品后再次涂刷防护剂的难易程度。重涂性高或好,则利于再次涂刷化学防护剂。

粉化 石材由坚硬的块状经各种条件的作用变为粉状物的现象,是石材外在、内在品质失效的反映。

改色 通过物理或化学的方法使石材的颜色发生改变。

硅氟树脂 是在有机硅化合物中通过对其结构式的剪枝、配位等方法,将氟单体元素置于有机硅化合物的结构式中。这是利用氟具有很高的憎水性和极强的耐候性特征而开发出的新一代防护剂。

硅烷 也称做"硅氢化合物"。成分中只含有硅和氢两种元素,是一种较简单的化合物,如甲硅烷(SiH_4)、乙硅烷(Si_2H_6)。其化学性质活泼,通过加热能分解为硅和氢。近年来,被用做制作石材防护剂的基础原料。经过一定时间,硅元素沉积在石材微裂隙及毛细管中,从而阻碍污染物进入石材内部,达到防护石材的目的。

花岗石抛光粉 主要是由铅粉、助剂、石英砂等组成的用于抛光以硅酸盐类为主的花岗石类石材的一种抛光材料,具有浅灰色、灰色,主要是针对一些花岗石微孔多、裂隙多而开发的一种产品。使用时利用专用研磨机和专用磨头,加上糨糊状铅粉加热,使抛光粉填补花岗石微孔、裂隙后,花岗石平面光泽度增加。

蜡层 为防止石材被污染,而在其表面涂抹的蜡。

蜡层剥离剂 是一种专用于清除石材表面蜡层的养护产品,在石材要进行新的防护前清除原有的蜡层用。

密封型防护 将石材完全用化学膜覆盖,并使之与外界隔绝的防护方法。

侵蚀 石材因化学品或污染物侵入石材内部对石材造成损伤。

清洗 对石材采取物理或化学的方法清理表面或浅层污染的总称,是石材病变治理的方法之一。

色素 易对石材造成污染的有色物质。

渗透 石材表面、浅表层吸收防护品、清洗品、染色剂、污染物、改色剂等液体使其进入石材内部的现象。

渗透防护 防护剂从石材表层向深层渗透,通过渗入方法将防护物质带入石材内部达到防护目的。

石材病变 指石材作为建筑或装修材料后,由于后天石材表面出现锈斑、水渍、水斑、盐斑、白华、有机物色斑、油斑、表面光泽度降低、退色、增色、变色、剥落、粉化等一系列影响石材外观、内在品质、使用功能的现象。

石材生物风化 在有水和温度适宜的条件下,自然界中某些生物在石材表面生长繁殖、腐烂分解而使石材表面遭到破坏的现象。

石材冻损 因石材本身原有裂隙、空洞等缺陷,在寒冷季节水进入其中并结冰,冰的膨胀力及溶化后的循环作用,造成石材的裂隙加大、位移,装饰性能下降,是破坏石材装饰效果的原因之一。

石材防护剂 防止天然石材产生白华、水斑、锈斑等病变现象,能够有效降低石材的吸水率,提高石材耐污性和耐蚀性的溶液。

石材风化 石材在自然界和使用过程中遭受外界的各种条件侵蚀后,使本身物理、化学性能降低,以致丧失功能并使石材本身形态发生改变的,统称为石材风化。石材在开采前的风化包括裂碎、分离、粉状,开采、使用、维护中的风化包括裂隙、孔洞、粗糙、失光、变色、污染、粉化等。

石材钢丝棉 也称钢纤维、钢羊毛、钢绒,是将低碳钢制成 0.125 ~ 0.189 mm 粗细的细丝而做成的一种柔软且成团的工具,主要用于对石材表面抛光。

石材化工 就是用化学品对石材进行防护、清洗、涂层、渗透、染色、增亮、加硬、浸胶、黏结及与之相关的装饰装修技术、设备、工具、工艺、配件,从而形成了石材化工产品和化工技术、化工产业。

石材化工品 针对石材在生产、加工、使用、维修中的需要而研制、开发、生产、使用的化工产品。

石材化学风化 指石材在经受物理风化的过程中伴随着成分变化,以及因成分变化产生的石材表层、浅表层结构变化的现象,并产生了新的化学物质。新的化学物质要么增加了石材的装饰美感,要么降低、破坏了石材的装饰美感。

石材抗风化性 天然石材具备的承受风化作用的能力,是检验石材耐候性的重要指标之一。

石材六面防护 六面防护是指在石材的六个面(对矩形石材而言,对异型石材而言就更多)均涂抹石材防护剂,以达到保护石材的目的。

石材密封防护剂 以透明树脂为基本原料制成的具有密封性能的石材防护剂。该产品具有防水、防污、密封石材孔隙、增加石材色度、增强色调的特征。用在大理石、花岗石、板石中的各种品种均可,也可作防滑剂使用。

石材强力清洗剂 一种用于清除花岗石表面白华、水泥残渣及陈旧污垢等病变的石材清洗剂。

石材着色板 使用无机物或有机物对天然石材通过物理或化学的方法进行处理,使其颜色发生了改变的石板材。

石材物理风化 是指使石材发生机械破碎破坏的现象,没有显著的化学成分变化。

石蜡 一种最早的石材防护剂,为石油加工产品。其成分为固体烷烃的混合物,由天然石油和人造石油的含蜡馏分用冷榨或溶剂脱蜡、发汗等方法制得。用在石材上主要采用在石材表面涂覆的方法,在石材表面形成致密的蜡膜,从而阻隔水、油、灰尘等污物的侵入。用石蜡防护石材具有成本低廉、易操作等优点,缺点是阻碍石材透气,水分无法正常排出,极易形成水斑、湿痕、泛碱等石材病变,蜡膜性黏,易受污染而形成蜡垢,不易清洗,耐磨性较差,长期使用会使石材变色属于“暂时性防护”方法,须经常使用才能防护石材。

事前防护 在石材装修前对其进行防护处理。

水斑 用水泥湿法粘贴石材时,吸湿性物质渗入石材内部后,使石材表面产生不易自然干燥的湿痕。

水泥残渣 装修中水泥砂浆的碎屑残留物。

水渍 在石材表面表现的如同水湿样的痕迹。

酸雨 大气中的酸性气体(如 SO_2、SO_3)水溶后形成的酸性雨水。

苔藓 低等隐花植物,是造成石材生物破坏的植物之一。

透气型防护 涂抹石材防护剂后,石材的气孔、毛细管、微裂纹等仍处于通气、开放型状态的防护方法。

吐黄 石材装饰前后出现的泛黄现象,其原因有本身铁质锈蚀,外界铁质或其他金属、非金属污染,也有石材本身失色。

退色 石材经物理、化学、自然、人为因素使其本身的颜色变浅的现象。

天然石材色差 天然石材表面颜色与纹理彼此之间的差异。

污点 污染板材的异物构成的质点,它可以是原生的也可以是次生的。

吸附 用物理或化学方法将石材表面或浅表层的污物溶解、分离后,吸取并移走的工序,也可以是吸收防护品或染色剂的工序。

析盐 强碱性水泥与在空气中的酸性气体反应后生成的物质,经水的流动渗出,带到石材表面而形成的白色粉状物,属于白华的一种形式。

锈斑 含铁物质进入石材内部或石材中的铁质与环境中的化学物质发生反应,在石材表面形成的黄色或黄褐色的斑迹。

油污 油渗入石材内部形成的油斑,是石材被污染的现象之一。

有机硅化合物 简称有机硅,是结构中含有碳—硅键的有机化合物,有烃基卤化硅(如 CH_3SiCl_3)、硅醇[如$(CH_3)_3SiOH$]、硅醚[如$(CH_3)_3Si-O-Si(CH_3)_3$]等类。习惯上把某些含有硅元素的化合物,如正硅酸乙酯[$(C_2H_2O)_4Si$]、甲硅烷(SiH_4)等称为有机硅化合物。这类化合物具有特殊性能,如它们的聚合物耐热、耐水浸,可用于制造硅油、硅橡胶、硅树脂。近年来,用它的化合物作为石材防护剂的基础原料,用于生产石材防护剂。

原色型防护剂 对石材进行防护处理后不改变石材颜色的防护剂。

增色 用化学品或其他方法将石材原有色彩增加色度。

增艳型防护剂 对石材进行防护处理后使石材的颜色加深的防护剂。

憎水型防护剂 对石材进行防护处理后,能防止水渗入石材内部的防护剂,水在其上一般呈圆珠状。

着色 用物理或化学的方法对石材增色、染色、改色的总称,它不改变石材的基本品质。

八、其他相关术语

金刚石软磨片 顾名思义是可以弯曲或折叠成任意角度的含有金刚石磨料的磨具,也称为海绵砂轮、纸磨片。其主要构造是基础柔性基体上附着磨料与软质胶粘剂,通过尼龙搭扣与专用磨机连接,金刚石软磨片是相对金刚石硬磨片而言的。通过调整磨片磨料可以达到精磨、抛光的作用。磨料除金刚石外,还有立方氧化硼、氧化铝、碳化硅、石榴石等。

黏结 化学胶或其他材料对石材产生的黏合作用。

石材云石胶 用于石材加工、装饰装修时的修补、定位、拼花用的一种双组分胶,主体成分为不饱和聚酯树脂。使用时须在主体树脂中加入固化剂使主体树脂发生交联反应,从而迅速固结、硬化,是一种用于非结构承载的胶粘剂。

真石漆　也叫仿石漆、仿石涂料、石漆、石粉涂料等，是利用天然石粉制成的一种薄层有机石制品。主要用在建筑的内、外墙装修上，效果与天然石材十分相近，通常是由三层材料构成的：第一层与建筑物基层直接接触，称做封底层，防止水分和盐分从混凝土或砖等基础建筑材料中渗出，提高仿石漆与底层的附着力；第二层为石粉，是真石漆主体材料，与树脂混合涂覆或喷涂；第三层为最外层，起保护主体石漆的作用，目的是防水、防污。在其中主体石粉中加入抗紫外线剂和耐老化剂，可防止真石漆退色和老化。在主体石粉中加入云母粉、玻璃粉、天然碎水晶石、石榴石等非金属矿及颜料可增加真石漆的色彩、质感和多样性，丰富其品种。

第二章 石材的化学防护

第一节 石材防护的意义

石材防护剂是防止天然石材产生白华、水斑、锈斑等病变现象,能够有效降低石材的吸水率,提高石材的耐污性和耐蚀性的溶液。石材防护,就是利用化学的方法对石材进行防护性保护,使用石材专用防护剂涂刷于石材的待防护部位,使之在石材的表面及表面以下一定深度形成一道防护层或防护膜,这道防护层或防护膜具有防水或防油、防污染等多种功能,以使石材抵御外界因素对其进行的侵蚀破坏,消除石材自身产生的降低美观性的内在因素。石材防护又分为预防性防护(石材安装施工前或投入使用前对石材进行的防护)和治疗性防护(石材投入使用后已产生病变,经病变治理消除石材病症后对石材进行的防护)。

早在2001年5月,由华北地区建筑设计标准化办公室主持编制,华北地区建筑设计标准化办公室和西北地区建筑标准设计协作办公室联合组织审定的"88J1—1(第2版)工程做法"建筑构造标准中,就已将石材防护作为推荐性标准列于其中。《建筑装饰用天然石材防护剂》(JC/T 973—2005)于2005年7月1日正式实施。我国第一部有关建筑装饰石材的工程建设标准《建筑装饰工程石材应用技术规程》(DB11/T 512—2007)北京市地方标准也于2008年3月1日正式实施。

然而,在人们的观念中,往往认为石材是一种长效的高档装饰材料,采用石材装饰便可一劳永逸,殊不知天然石材是一种天生的多孔材料,虽然外表坚硬,但其多孔性的特征决定了它极易吸收、吸附并沉积污染物,在自然环境中,尘埃、废气、潮湿、酸雨、低温以及其他的污染物质会使石材产生水斑(见图2-1)、白华(见图2-2)、锈斑(见图2-3)、粉化剥落(见图2-4)、苔藓生长(见图2-5)、油污及色素污染(见图2-6)、霜冻破坏、表面腐蚀等各种石材病变,大大降低了石材的装饰效果和使用寿命。同时,施工方法的失误,也会造成石材装饰效果的失败,这就为石材的定期防护保养提供了必要的前提。

图2-1 石材的水斑病变

图2-2 石材的白华病变

图 2-3　石材的锈斑病变

图 2-4　石材粉化剥落

图 2-5　石材上苔藓生长

图 2-6　色素污染石材

由此可见,石材防护有着极其重要的意义:

(1)提高石材的装饰性;

(2)提高石材装饰的安全性;

(3)延长石材的使用寿命;

(4)节约重复劳动的人工成本;

(5)节约宝贵的矿产资源。

第二节　石材防护的发展历程

在石材作为建筑材料上万年的历史中,石材一直被作为建筑的结构材料和基础材料,人们也并未有意识地对它进行防护。2 000 多年前人们才注意到对石材防护的必要性,比如欧洲莱茵河畔的住宅,长年受潮湿气候的影响,建筑石材中大量繁殖苔鲜、微生物以及动植物,破坏了建筑物的美观,人们才试图用松树汁、蜡、油脂等涂抹于建筑底部的石材上以防水、防潮。古埃及人曾用蜡保护方尖碑,18 世纪欧洲曾记载用松节油溶解蜡来保护教堂一类的石材建筑。我国 2 000 多年前的汉墓里也发现用木炭作为石棺的防水剂。古代这种对石材的保护只是用在个别的建筑和特殊的部位上,还算不上真正的石材防护,也没有形成规模和产业化。

20 世纪 30 年代,德国准备将首都由柏林迁至纽伦堡,当时德国政府下令对纽伦堡市政建筑进行维修,这样,对大量古老的石质建筑的清洗、防护方案被正式提到了石材养护产业议程上，当时的德国化学公司曾负责了这一系列工程的化学品试制和施工，从那时起，现代石材防护理念得以正式建立和得到实施。

我国对石材防护技术的研究起步较晚，最早主要应用于石质文物的保护，对于建筑石材的防护技术研究起步于20世纪90年代初。1990年，国家建材局苏州非金属矿工业设计研究院石材研究所在国内开始从事“石材养护技术的研究”，2000年通过了国家部级科技成果鉴定，2002年荣获江苏省科学技术进步奖。

自20世纪50年代起，工业金刚石及其超硬材料的大规模工业生产，促使装饰石材加工技术和生产效率快速发展，石材从建筑的基础材料和结构材料快速转变到装饰材料的角色上。人们追求的是石材的自然纹理、天然质感和返璞归真的韵味，为了使其装饰功能尽善尽美、永葆亮丽的光泽、花纹、色彩，防止被其他材料和自然环境破坏，人们就试图研究用各种方法来保护石材。这些方法包括物理、化学、生物等手段，而石材的化学防护可以说是最有效也是最经济的。至今，石材防护产品与技术的发展已经经历了以下五个阶段：

第一阶段：古代的植物防护，如天然树脂、树胶和油脂等的涂抹；

第二阶段：用蜡对石材进行覆盖型防护；

第三阶段：合成树脂类产品防护，通过有机溶剂溶解进行覆盖和填充石料；

第四阶段：渗透型防护，通过渗透性较高的有机硅材料渗透石材，在石材内部形成防护层，防护效果明显，并且不封闭石材的毛孔，石材处于透气状态；

第五阶段：氟硅改性类防护剂，利用化学的剪枝、配位等分子设计手段，研制出具有较强渗透功能和很低表面能量，且对水和油的防护都十分卓越的新一代防护剂，防护效果明显、耐候性强。

石材防护技术的各个发展阶段并不是简单地取代或淘汰上一阶段的产品，而是在不断地丰富产品的结构和改进产品性能，除第一阶段还不能算是真正意义上的石材防护外，其后各个阶段的产品至今还在市场上共存，各有其优缺点和相应的用途，这将在本章第五节中作进一步的探讨。

第三节　石材防护剂应具备的基本性能

2005年7月1日正式实施的中华人民共和国建材行业标准《建筑装饰用天然石材防护剂》(JC/T 973—2005)中，对石材防护剂的等级和技术要求作出了规定。

一、石材防护剂的等级

饰面型石材防护剂按防水性分为优等品(A)、一等品(B)、合格品(C)三个等级。

二、石材防护剂的技术要求

(一)饰面型防护剂

(1)用饰面型石材防护剂进行石材防护时，应保持石材颜色基本不变，用户有特殊要求时除外。

(2)饰面型石材防护剂防水性、耐污性应符合表2-1的规定。

表 2-1　饰面型石材防护剂防水性、耐污性要求

项目		优等品	一等品	合格品
防水性(%)		防水性≥85	70≤防水性<85	50≤防水性<70
耐污[a]	食用植物油[b]	0		1
	蓝黑墨水			

注:a 表示客户对污染源有特殊要求时,可按客户要求进行;b 表示防水型石材防护剂可不进行此项检验。

(3)饰面型水剂型石材防护剂 pH 值应为 3 ~ 13。

(4)饰面型石材防护剂稳定性检验应无分层、漂油和沉淀。

(5)饰面型石材防护剂耐酸性、耐碱性应大于等于 40%,其中天然大理石防护可不进行耐酸性检验。

(6)饰面型石材防护剂耐紫外线老化性应大于等于 40%。

(二)底面型石材防护剂

(1)底面型石材防护剂抗渗性试验应无水斑出现。

(2)底面型石材防护剂水泥黏结强度下降率不大于 5.0%。

(三)水剂型石材防护剂有害物质限量

挥发性有机化合物(VOC)≤200 g/L。

(四)溶剂型石材防护剂有害物质限量

苯含量≤0.5%,甲苯和二甲苯总和含量≤10%。

石材防护剂除应满足上述规定的技术指标外,根据使用的情况不同,还应具备如下的基本条件:

(1)防护性。应能够缓解或阻挡周围环境对石材的侵蚀、破坏和污损。

(2)相容性。石材防护剂本身及其作用过程不能对石材产生副作用,如使石材产生黄变、色差等。

(3)耐候性。经防护处理过的石材应有尽可能长的防护寿命。

(4)重涂性。经防护处理过的石材,达到防护年限而失效后,能够经再次防护处理而重新产生防护效果。

(5)安全性。石材防护剂本身及经防护处理的石材不应对人体及环境有害,应符合有关环保要求。

(6)操作性。石材防护剂应便于施工操作,必要时应能进行大规模机械化作业。

(7)清理性。石材防护剂使用不当或防护失败,最好能便于清理。

第四节　石材防护剂的分类与命名标记

一、分类

(一)按溶剂类型分类

(1)水剂型(SJ):以水为分散介质的防护剂。

(2)溶剂型(RJ):以有机溶剂为分散介质的防护剂。

(二)按功能分类

(1)防水型(FS):能阻止水及水性污染物渗入石材内部的防护剂。

(2)防油型(FY):能阻止油及油性污染物渗入石材内部的防护剂。

(三)按使用部位分类

(1)饰面型(SM):用于干挂石材(六面)、湿贴石材装饰面(包含四个侧面)的防护剂。

(2)底面型(DM):用于粘贴石材底面的防护剂。

(四)按作用机理分类

(1)渗透型:完全渗入石材内部,表面不留痕迹,不影响石材外观的防护剂。

(2)成膜型:不能完全渗入石材内部,在石材的表面形成保护膜的防护剂。

(五)按防护效果分类

(1)透气型:像人的皮肤一样有呼吸功能,能有效阻止外界环境的污染物渗入石材的内部,而不影响石材内部的潮气挥发出来的防护剂。

(2)密封型:有封闭功能,堵塞石材的毛孔,呼吸功能不明显的防护剂。

(六)按装饰效果分类

(1)增艳型:能加深石材颜色,使石材变得更加鲜艳润泽的防护剂。

(2)增光型:能增加石材光泽度的防护剂。

(3)原色型:基本不改变石材的外观,保持石材原色的防护剂。

(七)按对石材机械性能的影响分类

(1)增强型:能增加石材机械强度的防护剂。

(2)普通型:只起防护作用,不改变石材机械性能的防护剂。

(八)按主体化学成分分类

石材防护剂按主体化学成分可分为有机硅、有机氟、高分子树脂、石蜡、复合型防护剂等。

二、命名与标记

(一)命名顺序

产品代号或名称、溶剂类型、功能、使用部位。

(二)标记顺序

产品代号或名称、溶剂类型、功能、使用部位、等级、标准号。

(三)标记示例

以溶剂型优等品 XXX 防油型饰面防护剂为例标记如下:

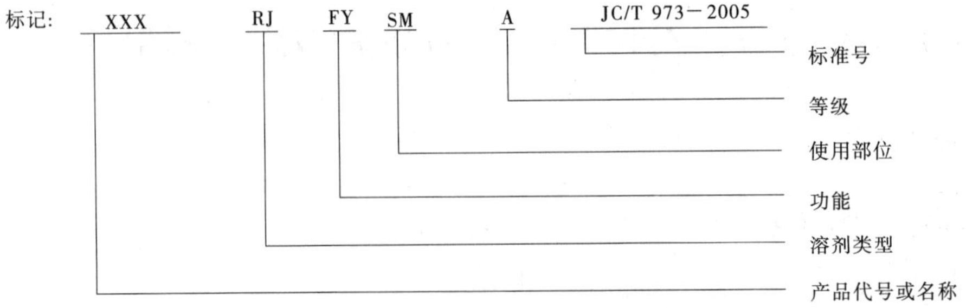

命名:XXX 溶剂型防油型饰面防护剂。

第五节　石材防护剂的防护机理

石材防护剂能否防水、防油、防污可通过表面能或用润湿的概念来表示,易润湿和不易润湿物体的区别取决于其表面张力,当液体表面张力(V)比固体的临界表面张力(V_c)大时,液体呈球珠状,就石材而言,如果石材表面张力较大,石材就会被液体润湿,同时液体(污染物)通过毛细管渗入到石材内部而污染石材(见图 2-7)。密封型防护剂的防护机理是封闭石材的毛细孔,透气型防护剂的防护机理是降低石材的表面能。各种防护材料的表面张力见表 2-2。

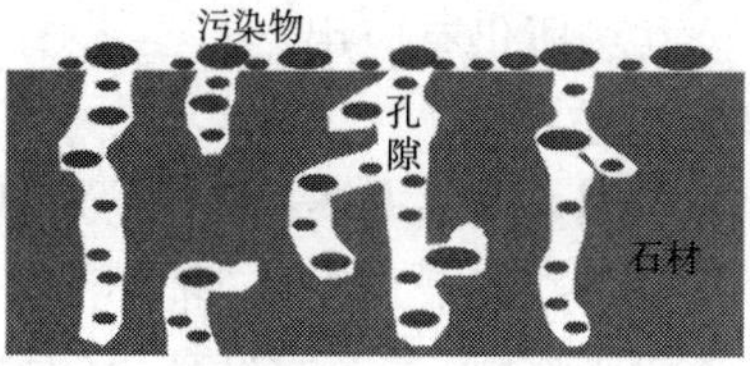

图 2-7　未经防护处理的石材孔隙结构可吸收水分或液体污染物

表 2-2　各种防护材料的表面张力

材料	氟树脂	有机硅	蜡	水	脂肪油
表面张力(mN/m)	11	24	26	72	20 ~ 30

一、密封型石材防护剂

密封型石材防护剂的防护机理是封闭石材的毛细孔,使得水、油、粉尘等污物无法侵入石材的内部,从而达到保护石材的目的,包括石蜡类石材防护剂及密封型高分子树脂类石材防护剂,其防护原理如图 2-8 所示。

(一)石蜡类石材防护剂

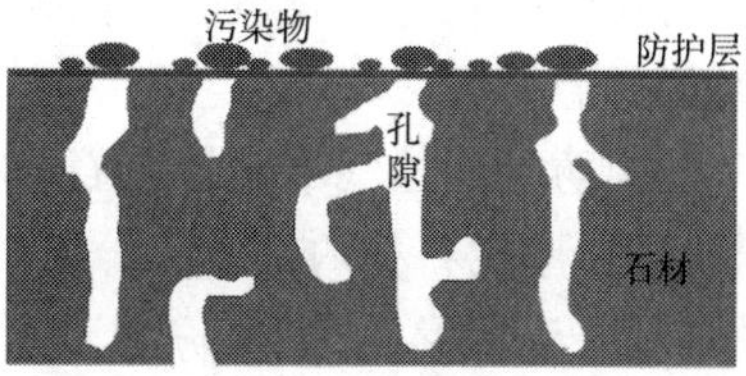

图 2-8　密封型防护剂的防护机理

从严格意义上讲,石蜡还算不上真正的石材防护剂,作为早期的一种石材保护材料,其一直沿用至今。采用在石材表面涂覆石蜡的方法,在石材表面形成致密的蜡膜,从而阻隔水、油、灰尘等污物的侵入,但其防油性并不好,因为有些油性材料能将石蜡溶解,使得油、石蜡及粉尘一起侵入石材的毛细孔,从而造成对石材更加严重的污染。实质上,石蜡是一种密封型材料,它将石材的毛细孔完全封堵,减弱了石材的透气性,使石材内部的水分或石材底部的水分无法正常排出,极易在石材上形成水斑、返碱、吐黄等石材病变。蜡膜的特性是较黏,且易受污染形成蜡垢,更不易清洗;蜡膜的耐磨性极差,需要经常打蜡才能维护其光泽。然而,如果在某些部位经常打蜡,会使该部位石材颜色变深,失去原有色彩和质感,从当初为防护的目的出发又变成了人为的石材污染。蜡的涂覆只是在地面使用且好操作，在立面及高层使用就相当困难，涂蜡后一旦蜡渗透到石材内部，一般很难清除，除非将石材表面打磨掉，费时费力，很不经济，且使以后使用新型防护剂更加困难。使用蜡防护后需要经常反复上蜡，尤其在公共场所。其耐候性也较差，更不耐磨。所以，将蜡的防护称为“暂时性”的防护。随着人们对蜡性能的逐渐认识，现在已经很少用蜡作为长久的石材防护材料了。因蜡的使用带来了新的石材病变，也出现了专门用于去除蜡的石材化学品——除蜡剂、起蜡水。

石蜡作为石材的一种保护材料，经过近几年的改进，功能上有了很大的提高，如流动性、黏性、光泽度等都有质的改进，但是只要防护剂仍存在蜡的成分，在石材防护上就会或多或少地存在上述弊端。

虽然蜡的耐磨性较差，但它是一种较好的减磨材料，而且能够提高石材的表面光泽度，所以在一些高档宾馆的大堂等公共场所仍有应用。

（二）密封型高分子树脂类石材防护剂

密封型高分子树脂类石材防护剂主要是非渗透（填充）性膜层涂料，它是在石材表面形成一层致密的保护膜，使石材与污染源隔绝，从而达到防污、防水、防油的目的。一般是通过有机溶剂溶解或稀释一些高分子树脂材料，或者通过乳化的方法来制取这类防护剂。与石蜡相比，其防水性、耐污性、寿命、使用范围都有很大的提高，部分产品已经有填补、渗透能力，但透气性仍较差，使石材内部及背部的水分在装修后仍不能排出，覆膜也会在一定程度上改变石材的质感和色泽（特殊要求除外），而且有些品种的耐候性不是很好，容易产生黄变、起层和脱落。其优点是防污性能较好，可承受一定的水压。由于此类防护产品多使用有机溶剂，产品易燃，有些溶剂带有一定毒性，在施工时可能对人体造成伤害或污染环境。在密封型高分子树脂类石材防护剂中，较为理想的材料为丙烯酸树脂类。

二、透气型石材防护剂

透气型石材防护剂的原理是将防护剂渗透到石材内部，在石材浅表层的毛细孔四周形成网状结构的保护膜，降低石材的表面能，从而达到防污、防水、防油等的目的，如图 2-9 所示。此类防护剂既能防污又不影响石材的透气性，不会使污染物滞留在石材内部，减少了产生石材病变的几率，耐候性较好，是近年来使用逐渐增多的石材防护产品，分为水剂型和溶剂型两类。

此类防护剂透气的关键是石材的孔隙、内部结构、微裂隙、孔洞等在涂刷防护剂后，仍与空气相通，形成石材内部的水分可以蒸发出去，而外部的水分或油分等污染物又不能渗入石材的特性，从而形成防水、防污、防油的功能。形成这种独特的功能是防护剂分子结构的孔隙所致，防护剂涂刷在石材表面后，经过渗透，进入石材表面及浅表层，成为一种网状的渗入薄膜层，这种薄膜层（约有 3 μm 厚）还均匀分布着一些透气孔，这些透气孔的直径比水分子或油分子直径小，比水蒸气分子直径大。所以，当石材装饰施工后其内部或背面产生的水分，因温度升高，变成水蒸气而压力增大，从防护剂孔隙中释放出来，而由于防护剂薄膜层上的孔隙又小于外界水分子或油分子，进而外界的水或油及其含带的污染物就无法进入石材内部，达到防水、防污、防油的目的。水分子或油分子、防护剂薄膜层上的孔隙、水蒸气分子之间的直径大小关系如图 2-10 所示。通过图 2-10 可以直观地看出外界水分子或油分子的直径 > 透气型防护剂薄膜层通气孔隙的直径 > 石材内水蒸气分子的直径。

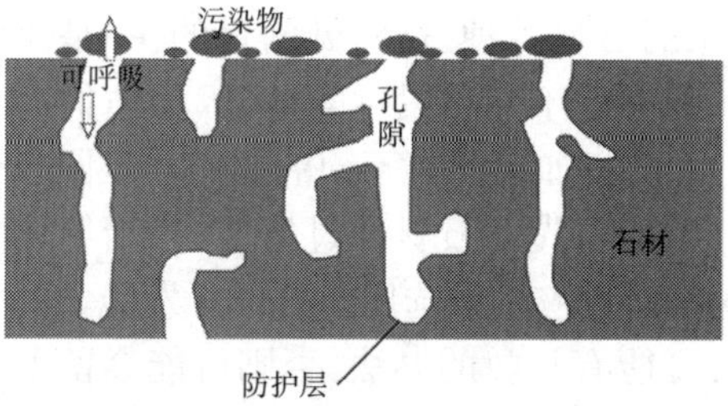

图 2-9　透气型防护剂的防护机理

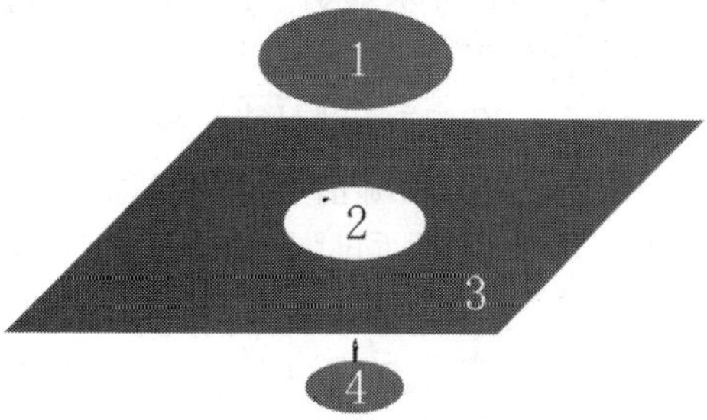

1—外界水分子或油分子；2—透气型防护剂薄膜层上的孔隙；
3—透气型防护膜层；4—石材内水蒸气分子

图 2-10　水分子或油分子、透气型防护剂薄膜层上的孔隙与水蒸气分子直径的大小关系

透气型石材防护剂主要包括有机硅类和有机氟类产品。有机硅类又分为甲基硅酸盐类和有机硅低聚物类。

甲基硅酸盐是一种应用最早的有机硅防水剂。它的作用机理就是涂刷在石材表面后其活性物与空气中的二氧化碳及潮气发生水解反应，生成具有憎水性的硅醇。但在碱性条件下硅醇的形成过程是可逆的，也就是说在碱性条件下这种具有防水作用的硅醇又降解为可溶性的甲基硅酸盐，从而使其防水性丧失。另外，这类材料为强碱性物质，对石材可能存在潜在的隐患，所以对文物、古建上的石材要慎用这类产品。

有机硅低聚物类石材防护剂的防护机理是涂刷在石材表层上的这些有机硅活性物在毛细作用下进入石材内部，在潮气的作用下生成羟基团，这些羟基团与石材中矿物体的羟基之间重新进行化学结合，从而在石材晶体上形成牢固的网状结构斥水膜层。由于这些硅烷和硅氧烷低聚物特有的物理和化学品性，它们渗入石材孔隙内壁后产生的非极性的保护膜，能有效阻止极性水的湿润，而且因为它们有特殊的结构，在碱性条件下比较稳定，也防止水泥基层里的碱分向外渗透和侵蚀。因此，这类防护剂具有防水性好、渗透性强、耐酸碱、耐候性好和保持透气性等优点，是目前应用最广的一类石材防护剂，其缺点是防油性能较差。

有机氟类石材防护剂是利用有机氟化物特有的低表面能特性，使一般液体无法在被其处理过的石材表面上铺展浸润，从而起到防水、防油、防污的作用。但是，这些氟化物分子结构相对较大，渗透能力不如有机硅产品，防水持久性也比较差，而且成本相对较高。

有机硅材料防水性较好，但防油性能较差；而有机氟材料虽然防油性较好，但防水性却不够理想。为了克服这些缺点，可以用有机硅对有机氟材料进行改性处理，使改性后的新防护产品既有好的防水能力，又有较强的防油能力。

有机硅和有机氟都有极佳的耐候性，由于其石材防护剂的黏度低，与石材成分可以适当地起反应和渗透较深，使得它们受紫外线的影响小，延长了使用寿命。据资料报道，有机硅石材防护剂一般耐候性至少在 10 年以上，而有机氟石材防护剂一般耐候性至少在 15 年以上。

第六节　石材防护剂的选用原则

不同的石材使用在不同的部位，接触外界污染的情况均不相同，选用石材防护剂时，除

必须有较好的防护效果外，还应考虑到石材的种类、石材的加工形式及表面状况、对石材所要求的装饰效果以及气候环境等多种因素的影响。不同的石材防护剂对石材可能有不同的防护效果，选用时应区别对待。另外，最重要的一点是不管采用何种防护剂，大面积施工前，均应先做局部小试，哪怕是自己熟悉的防护剂和熟悉的石材品种，这样做的目的：一是使防护效果让业主认可，同时也做到自己心中有数，防止因考虑不周而发生意外，因为防护剂的质量可以人为控制，而石材是一种天然的材料，每一批石材如果产自不同的矿点甚至同一个矿点，其性能都可能有所不同；二是有些石材经营者可能事先对石材作过清洗、打蜡等化学处理，有化学物质残留而影响防护效果。在购买防护剂时，应尽量选用有科研开发能力的生产者生产的品质有保障的品牌产品，一旦出现意外，可能有补救的办法，否则可能会留下无穷的后患。具体选用方法可简单归纳如下：

(1)光面石材(特别是光面大理石)应尽量选用能增加石材光泽度的石材防护剂。

(2)装饰效果要求加深石材颜色的使用场合应选用增艳型石材防护剂。

(3)要保持石材原有外观的场合应选用原色型石材防护剂。

(4)采用湿贴安装时，石材底面应选用不影响石材与水泥砂浆黏结牢度的石材防护剂。

(5)考虑环保要求(特别是在密闭空间施工时)，应尽量选用水性防护剂或不含有机溶剂的防护剂。

(6)经常接触到油污的地方，应选用渗透防油型或密封型石材防护剂。

(7)机械强度较低的疏松石材，应选用增强型石材防护剂。

(8)防护剂的最佳施工温度是 5 ~ 35 ℃。环境气温太低时，水剂型石材防护剂可能因结冰而无法施工，这时就应选用油性或溶剂型石材防护剂。

第七节　石材防护工程的施工与验收规程

一、材料要求

(一)防护剂

根据设计要求和石材的防护目的，做到科学地选择石材防护剂。石材防护剂的质量应符合《建筑装饰用天然石材防护剂》(JC/T 973—2005)的规定。防护剂应有合格证及有效期内的检测报告、使用说明书。进口产品应有中文说明(包括产地、生产商、生产日期、使用说明、国内代理厂商等内容)、报关单、商检单。所选用防护剂的有害物质含量必须满足《民用建筑工程室内环境污染控制规范》(GB 50325—2001)的规定。石材防护剂进场施工前，需核查防护剂厂牌、品种、型号、出厂日期，并开盖检查防护剂有无变色分层、漂油和沉淀。

(二)石材

石材尺寸、平整度、光泽度应符合设计及有关板材的质量标准，有崩边、掉角、裂缝、孔洞应事先进行修补，有特殊要求的除外。

(三)其他材料

石材专用清洗剂应符合国家有关规定，并具有出厂合格证和使用说明书。

二、施工前的准备与检查

(1)石材的各种修补、开槽、特殊表面处理均已完成。外形、尺寸应符合设计要求。石材表面干燥且颜色均匀,不得有干湿色差。

(2)大面积施工前,对于所选定的石材防护剂与被防护的石材应进行小样试验,以检验现场产品的可靠性,确保防护效果。

(3)石材表面应无锈斑、色斑、胶痕、油污、蜡质等污染,否则应选用石材专用清洗剂进行清除。

(4)有背部加强网的石材,应检查背网与石材的黏结强度,若黏结牢固,可不铲除背网。

(5)石材应垫木方码放,倾斜码放石材正面应朝向施工人员,两块石材之间用硬质无污染物隔开保持通风。码放时应注意编号、架号,核对石材数量、品种,不能发生错乱。

(6)石材防护作业,应保持通风良好,无雨水、无粉尘,温度 5 ℃以上,相对湿度不大于 80%,风力不大于 4 级,溶剂型石材防护剂涂刷时应远离火源。

三、施工工艺

(一)石材防护工艺流程

石材防护工艺流程为:石材码放→石材干燥→石材清扫→石材清洗→涂刷正面(装饰面)及侧边防护剂两遍→翻板→涂刷背面防护剂两遍→静置→整理。

(二)石材防护施工

(1)石材码放:石材应按架号或编号区分码放,码放时,戴好防护手套,轻拿轻放。不能造成崩边、豁口和石材断裂,若造成应及时修复,不能修复的应更换石材。铺开平放石材时,应留有操作人员通道,石材与石材之间留有 3 cm 以上间距,方便四周防护剂的涂刷。

(2)石材干燥:石材应采用自然干燥或人工吹风方法干燥,不宜采用暴晒、火烧的方法干燥。石材干燥过程中应避免雨水侵蚀、粉尘污染,对含水率不确定时应进行检测。

(3)石材清扫:使用毛巾、毛刷或小地拖除去石材表面粉尘,使石材表面纹理、颜色、光泽得到显现。石材表面应干净、无粉尘,不得用水冲洗。

(4)石材清洗:使用毛刷或毛笔对症选取清洗剂,对加工过程中造成的锈斑、色斑、胶痕、油污、蜡质等污染进行清洗。清洗时戴好防护手套及其他防护用品。污染清除后,用清水去除石材表面残留清洗剂,使石材表面 pH 值达到中性左右。

(5)涂刷正面(装饰面)及侧边防护剂两遍:石材表面干燥后涂刷防护剂。防护剂涂刷可采用喷、擦、刷等方法,大面先涂刷石材四周,然后涂刷中心部位,横竖方向各涂刷一遍,然后涂刷侧边。防护剂应均匀满涂,不得漏刷。依照产品使用说明静置后,按以上程序进行第二遍涂刷。稍后擦去表面残留物和浮尘。

(6)翻板:防护剂表面干燥后,即可进行翻板,翻板应轻翻轻放,不得损坏石材,依照原有架号码放,不应造成混乱,并清理背表面。

(7)涂刷背面防护剂两遍:石材表面干燥后,即可进行防护施工。防护剂涂刷可采用喷、刷结合,大面先涂刷石材四周,然后涂刷中心部位,横竖方向各涂刷一遍,最后涂刷侧边。防护剂应均匀满涂,不得漏刷。依照产品使用说明静置后,按以上程序进行第二遍涂刷。

(8)静置:防护剂施工后必须留有静置时间,它是保证防护效果的重要步骤,静置时间应遵照使用说明书进行。

(9)整理:检查石材各防护面是否有漏刷或流淌痕迹,并用刀片清理干净,按架号或编号码放整齐。

四、质量标准

(一)主控项目

(1)防护剂的品种、型号、规格、性能应符合设计要求,其质量应符合《建筑装饰用天然石材防护剂》(JC/T 973—2005)的规定。防护剂用于室内工程时,其有害物质含量必须满足《民用建筑工程室内环境污染控制规范》(GB 50325—2001)的规定。

(2)饰面型防护剂的施工,不得改变石材原有的颜色、纹理、光泽(特殊效果除外)。

(3)渗透型防护剂渗入石材深度见表2-3。

表2-3 渗透型防护剂渗入石材深度 (单位:mm)

石材品种	花岗石	大理石	砂岩	石灰岩	板岩
渗入深度	≥1.5	≥1.0	≥5	≥5	≥1.0

检验:在经过防护处理的石材上取样,将试件浸入有色水中,观察侧面,检查防护剂的渗入深度。

(4)防护剂的涂刷应均匀,不得漏刷,待防护起效后,对石材进行泼水检测。石材铺装完成后,不得采用浸泡的方法进行防护剂施工后的检验。

(二)一般项目

(1)石材饰面表面无防护剂残留痕迹及粉尘。

(2)底面防护不得起皮,不得被锐物割伤。

(3)底面涂刷防护剂的石材与基层应黏结牢固。

五、工程验收

(1)石材防护工程的检验批应按下列规定划分:①相同材料、工艺和施工条件的石材防护剂每500~1 000 m^2 应划分为一个检验批,不足500 m^2 也应划分为一个检验批;②有特殊要求的石材防护剂,检验批的划分应根据工艺特点及工程规模,由监理单位(或建设单位)和施工单位协商确定。

(2)石材防护工程的检查数量应符合规定:每个检验批应至少抽查10%,并不得少于50块,不足50块应全数检查。

(3)石材若采用水泥砂浆作为与基层结合的黏结材料,在铺贴石材前宜对其侧面和底部进行涂刷防碱防护剂处理。

(4)石材防护工程验收时应提交所用材料的产品合格证书、性能检测报告和进场验收记录。

第八节 石材防护施工注意事项

装饰石材如果不作防护处理会产生石材病变已人所共知,但如果防护不当(如劣质的防护剂、不合理的防护施工工艺或选用了与石材不相容或不匹配的防护剂)同样也会导致石材病变(见图2-11、图2-12)。

图 2-11　防护剂选用不当引起的石材黄变

图 2-12　劣质的底面防护剂引起的石材大面积空鼓(黏结不牢)

一次成功的石材防护施工,除正确地选用防护剂外,施工方法也非常重要。主要注意以下几点:

(1)施工时石材必须完全干燥,含水率应不大于国家有关标准。有崩边、掉角、裂缝、空洞等应先进行修补,并达到施工要求(有特殊要求的除外)。

(2)石材必须洁净,防护施工前应将表面浮灰、水泥渣、胶、蜡及其他污物清理干净。如果污物已渗入石材内部,可使用石材专用清洗剂进行清洗,不得使用非石材专用清洗剂清洗石材,避免出现因清洗剂选用不当造成石材出现颜色加深、大面积返黄等情况(见图 2-13)。

(3)施工时应在石材的非防护面做好相应保护,以免污染。对于防护剂可能接触到的其他材料要做局部接触性试验,如对其他材料有影响的也应做好相应保护工作。

(4)渗透型防护剂施工时应保证有足够量渗入石材内部,防护剂渗入石材深度不得小于 1 mm。封闭型防护剂施工必须均匀盖底,成膜后厚度不得小于 0.1 mm。

(5)喷涂法施工时应保证空气流动相对较少,溶剂型防护剂施工时应远离火源,并戴好防护面具。

(6)防护施工时环境温度应在 5 ℃以上。

(7)防护剂涂刷必须做到均匀,不得漏刷,否则会使石材湿水后产生局部干湿不均现象(见图 2-14),湿法安装的石材可能会进一步形成水斑病变。

图 2-13　清洗不当引起的石材返黄

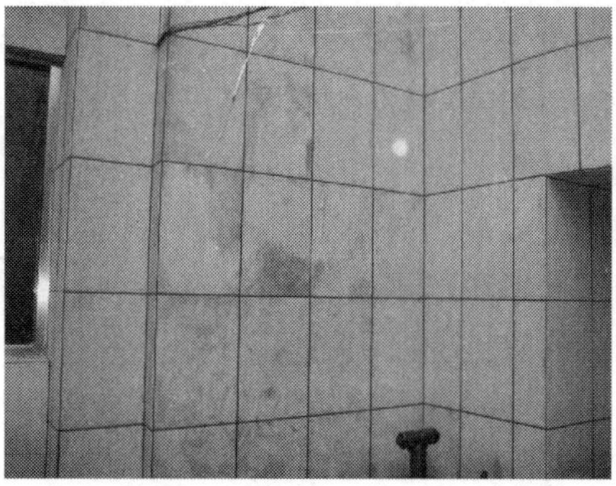

图 2-14　外墙干挂石材漏刷防护剂的雨天效果

(8)防护施工达到养生要求后方可使用石材,其间应不得接触雨水和大量湿气及溶剂。

(9)若发现防护施工时有地方被漏刷防护剂,应及时补救,最好用相应的溶剂型防护剂进行补救，因水剂型防护剂在进行二次防护施工时可能引起渗透不均匀。

(10)防护施工后的石材应单块码放或倾斜间隔码放，两块石材之间用硬质无污染物隔开保持通风。

(11)防护剂涂刷一遍的意思是指将防护剂在石材的整个待处理表面上纵横交错的两个方向各涂刷一次。

(12)采用浸泡法做石材的六面防护时，不能将整块石材完全浸没在防护剂中，因为这样会使石材周围产生液压，致使石材内部的空气无法排出，因此防护剂就无法渗入到石材的较深层内部，从而将影响石材的防护效果。正确的方法是在浸泡石材时，使石材始终有一个表面暴露在防护液的外面，使石材内的空气有通道排出。石材的一个面处理好后再将石材翻身浸泡另一个面。

(13)对于吸收性不好的石材，在防护剂未完全干燥前要及时擦除多余的防护剂，否则可能在石材上产生斑痕(见图2-15)。

图2-15　过量的防护剂未擦除在石材表面产生斑痕

第九节　湿贴石材的防护处理

湿贴石材的防护处理分为表面(装饰面)防护和底面(与水泥砂浆的黏结面)及侧面防护，表面防护可根据石材的种类、表面状况、防护要求等来选择相应的防护剂，具体可参考本章第六节防护剂的选用原则。在此必须指出的是，湿贴石材的表面防护与底面及侧面防护同样重要；否则，如果表面防护剂漏涂或是施工不均匀，可能造成石材表面的局部污染或产生水斑病变，如图2-16所示。

湿贴石材底面防护的目的是防止水泥砂浆渗入石材内部，避免白华、水斑、锈黄等石材病变的发生。湿贴石材的底面防护剂产品质量和防护处理施工质量都非常重要，所用防护剂产品不仅要求有理想的防护效果，而且施工后不得降低石材与水泥砂浆的黏结牢度(《建筑装饰用天然石材防护剂》(JC/T 973—2005)中规定黏结强度下降率不大于5.0%)。所用底面防护剂的质量、施工方法及施工人员的责任心都直接影响石材的装饰效果，如果底面防护剂产品质量不佳，可能引起石材安装后空鼓，如果防护剂施工不当或者涂刷不均匀甚至漏刷，将会在石材的表面出现严重的水斑病变，甚至可看到石材表面有明显的防护剂漏刷的痕迹，如图2-17所示。

湿贴石材侧面防护的目的是防止水泥砂浆或水通过石材的侧面渗入石材内部，另外，湿贴施工的石材，在安装施工时还必须进行嵌缝处理，如果湿贴石材的侧面不作防护和嵌缝处理，势必导致安装后水泥砂浆从石材的侧面渗入石材内部，从而形成石材的周边水斑，如图2-18所示。

图2-16　湿贴石材表面漏刷防护剂引起的水斑病变

图 2-17　湿贴石材底面漏刷防护剂引起的水斑病变

图 2-18　湿贴石材侧面漏刷防护剂引起的水斑病变

一、湿贴石材的表面防护

(1)处理材料:饰面型防护剂(如油性防护剂、湿色防护剂、超强防护剂、水性防护剂、增光增艳防护剂等)根据石材的品种、表面状况、使用部位及防护要求选取。

(2)施工方法:①石材必须干燥,施工前先将石材的待防护面清理干净。②在非石材处及石材的非防护部位做好保护。③将防护剂用毛刷或滚筒均匀地涂刷在石材的待防护面上,或是将防护剂用软布均匀地涂擦于石材表面上(如增光增艳防护剂),纵横交错施工,不得遗漏,吸水率较大的疏松石材,应连续防护两遍(待第一遍稍干后再刷涂第二遍)。④常温下自然养护 24 h 以上。

二、湿贴石材的底面及侧面防护

石材的品种不同,则吸水率也不一样,所要求的底面防护工艺也就各不相同。

(一)方法一(适用于吸水率较小的普通石材)

(1)处理材料:石材底面防护剂。

(2)施工方法:①石材必须干燥,施工前先将石材的待防护面清理干净。②在石材的非防护部位做好保护。③将防护剂用毛刷均匀地刷涂在石材的待处理表面上,纵横交错施工,不得遗漏。连续刷涂两遍(待第一遍稍干后再刷涂第二遍),如环境气温较低,则应与水泥按 1∶0.5～1∶1的比例搅拌均匀后使用。④经防护处理后的石材,自然干燥 24 h 后即可进行安装施工。

(二)方法二(适用于吸水率较大的石材)

(1)处理材料:①石材油性防护剂(或水性防护剂)。②石材底面防护剂。

(2)施工方法:①石材必须干燥,施工前先将石材的待防护面清理干净。②在石材的非防护部位做好保护。③将石材油性防护剂用毛刷或滚筒均匀地涂刷在石材的底面及侧面上(可与表面防护同时进行),纵横交错施工,不得遗漏,最好连续防护两遍(待第一遍稍干后再刷涂第二遍)。④石材油性防护剂达到养护要求后,再将石材底面防护剂用毛刷均匀地刷涂在石材的底面及侧面上,纵横交错施工,不得遗漏(环境气温较低时,将底面防护剂与水泥按 1∶0.5～1∶1的比例搅拌均匀后使用)。

(三)方法三(适用于较疏松且易产生病变的石材或吸水率较大的浅色石材)

(1)处理材料:①石材密封防护剂。②石材底面防护剂。

(2)施工方法:①石材必须干燥,施工前先将石材的待防护面清理干净。②在石材的非防护部位做好保护。③将石材密封防护剂用毛刷均匀地刷涂在石材的底面上,纵横交错施工,不得遗漏。④石材密封防护剂自然干燥后(不黏即可),再将石材底面防护剂用毛刷均匀地刷涂在石材的底面上,纵横交错施工,不得遗漏(环境气温较低时,将底面防护剂与水泥按1:0.5~1:1的比例搅拌均匀后使用)。

(四)补充说明

(1)方法一适用于普通石材的底面及侧面防护,必须涂刷两遍,石材底面防护剂的用量为5~15 m^2/L,一般为10 m^2/L左右。防护剂涂刷处理后应养生24 h以上再进行安装施工。

(2)对于较疏松的石材、容易产生病变的石材及吸水后容易变色的石材(如美国白麻、山东白麻、太阳白麻、乌克兰白麻、紫点金麻、沙丽士红、木化石、金丝缎、白色大理石等),适合采用方法二或方法三。若采用方法一,必须保证有足够的防护剂用量,并应不大于8 m^2/L,一般为6 m^2/L左右,且必须作表面防护处理。

(3)对于砂岩等较疏松的石材,最好采用方法三进行防护处理。

(4)采用方法二进行防护处理时,可先用石材油性防护剂进行六面防护,然后再用石材底面防护剂加做一遍底面及侧面防护。

(5)不管对于何种石材,方法二是湿贴施工时较理想的底面及侧面防护方法,方法三是最佳的底面及侧面防护方法,为保证防护施工质量,应尽量采用方法三或方法二,这样既可确保防护效果,又能有效避免石材安装后出现空鼓现象。

(6)三种方法的防护效果为:方法三 > 方法二 > 方法一。

(7)湿贴施工的石材宜采用低含碱量的矿渣水泥或普通硅酸盐水泥。

(8)石材底面防护剂的施工环境温度应保持在5 ℃以上。

(9)湿贴石材的防护处理一般是先做表面防护或六面防护,再做底面防护。

三、湿贴石材的嵌缝处理

(1)处理材料:石材底面防护剂、水泥。

(2)施工方法:①将防护剂和水泥(或根据石材的颜色用白水泥加入适当的颜料)按1:2~1:4的比例拌制成防护嵌缝膏。②嵌缝处理可与石材安装施工同时进行,在下一块石材安装就位之前,将嵌缝膏刮涂于石材侧面接缝处,石材安装就位后,擦去被挤出的余膏。③若在石材安装后再进行嵌缝处理,则应在石材缝的两侧贴上美纹胶带纸,以防污染石材表面。④若嵌缝膏已污染到石材表面,必须立即(未干前)蘸水擦洗。⑤嵌缝膏现配现用,水泥初凝前用完。

四、典型案例:白麻石材的防护处理

白麻石材的装饰效果极佳,但施工安装时如果处理不当,很容易发生锈斑(见图2-19)、泛黄、水斑(见图2-20)等病变。

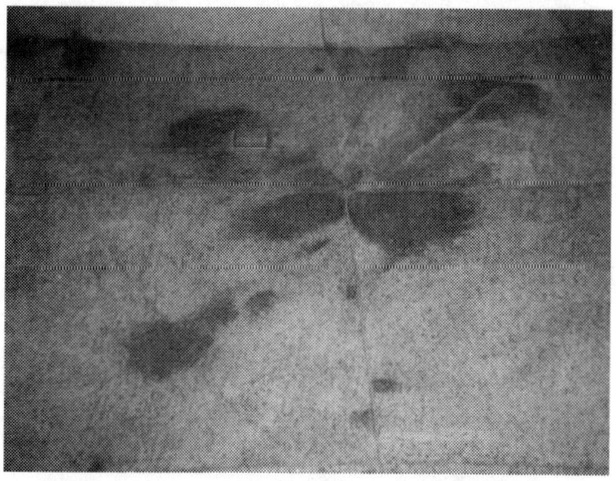

图 2-19　山东白麻石材的锈斑病变

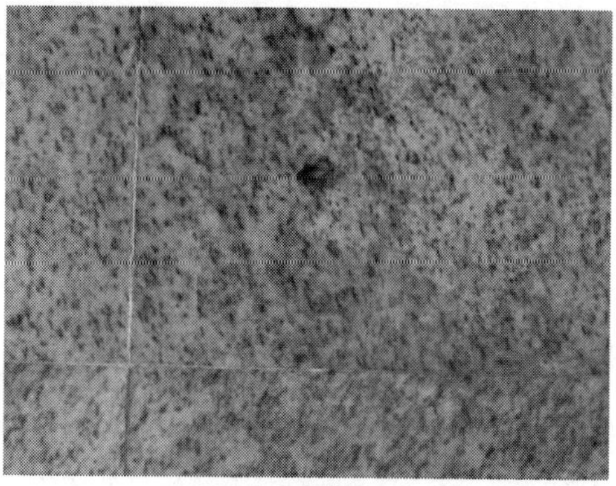

图 2-20　美国白麻石材的水斑病变

(1)处理材料:①石材油性防护剂。②石材密封防护剂。③石材底面防护剂。

(2)施工方法:①石材必须干燥,施工前先将石材的待防护面清理干净。②在非石材处及石材的非防护部位做好保护。③将石材油性防护剂用毛刷或滚筒均匀地涂刷在石材的表面上,纵横交错施工,不得遗漏,连续防护两遍(待第一遍稍干后再刷涂第二遍)。④常温下自然养生 24 h。⑤将石材密封防护剂用毛刷均匀地涂刷在石材的底面及四周侧面上,纵横交错施工,不得遗漏。⑥待密封防护剂干燥后(不黏即可)再用石材底面防护剂(或底面防护剂与水泥按 1∶1的比例搅拌均匀)将石材的底面及四周侧面作第二遍防护处理,纵横交错涂刷,不得遗漏。

注:也可先用石材油性防护剂将石材进行六面防护处理两遍,然后再用石材底面防护剂(或底面防护剂与水泥按 1∶1的比例搅拌均匀)将石材的底面及四周侧面进行防护处理两遍。

(3)补充说明:①新安装的白麻(特别是山东白麻)石材在做表面防护之前,建议先用麻石清洗除锈剂将石材整个清洗一遍,以除去石材中的部分铁质,减小石材安装施工后产生黄变的概率。②对美国白麻、山东白麻等容易产生锈黄病变的石材进行表面防护(包括新安装的石材和病变处理后的石材)时,应尽量选用石材油性防护剂,因为水性防护剂使石材湿水后可能增加石材重新返黄的概率。③本防护处理方法亦适用于山东白麻、太阳白麻、乌克兰白麻、紫点金麻、沙丽士红、木化石、金丝缎、白色大理石等较疏松、易于产生病变及吸水后容易变色的石材。

第十节　石材防护剂的最新发展技术

一、氟改性石材防护剂

目前,用于石材防护剂的主要材料为石蜡、有机硅、有机氟、高分子树脂等几大类,表 2-4对比了这几类防护产品的性能。对于石材防护而言,每一种材料都有其优缺点,只是利和弊的比例不同而已,从当前的应用情况来看,想要用某一种材料来替代其他材料的可能性不大,不同材料的防护剂仍有各自的用途。正因为每一种材料都不可能十全十美,人们一直在不断地努力研究开发技术更先进、功能更齐全的石材防护产品。

表 2-4 不同材质的石材防护剂性能对比

项目	蜡	高分子树脂	有机硅	氟材料
表面能	较低(26 mN/m)	较低	低(24 mN/m)	很低(11 mN/m)
耐候性	几个月	1~5 年	5~10 年	15 年以上
友善性	密封、非呼吸型	密封、非呼吸型	渗透、呼吸型	渗透、呼吸型
耐水性	☆☆☆防水	☆☆☆☆☆防水	☆☆☆☆防水	☆☆☆拨水
防油性	☆☆☆	☆☆☆☆☆	☆	☆☆☆☆

从表 2-4 中我们看到,有机硅虽然防水(水的表面能为 72 mN/m),但防油性能(油的表面能为 20~30 mN/m)很差,氟材料防油性和拨水性较好,但防水渗透性较差,其他材料虽然也能防水防油,但都是密封型,不透气,影响石材的呼吸,而且耐候性不佳。

氟材料的超低表面能和超强的耐候性引起了世人的广泛关注,是材料界的一大前沿和热门课题。有机氟高分子的优异特性与其结构密切相关,氟树脂高分子链上含有大量的C—F 键,其键能达 490 kJ/mol,相比较 C—H 键为 415 kJ/mol,C—O 键为 360 kJ/mol,C—C 键只有 350 kJ/mol,其键能是最大的,因此氟树脂具有许多其他树脂无可比拟的特点:①耐候性优异;②抗水解;③耐化学介质良好;④耐溶剂性能好;⑤耐热性能好;⑥具有极低的表面张力,既拨水又抗油;⑦具有耐粘污性;⑧良好的水蒸气渗透性。但其缺点是防水性能不如有机硅材料,而且氟材料在介质中的分散或溶解比较困难,成本较高。因此,人们就想结合这两种材料的优点,采用分子设计、剪裁、接枝的原理,引入其他功能性单体,制造出性能更优异的石材防护剂。

二、有机硅双涂层大理石防护剂

该技术是近年来国外推广使用的一种覆膜型石材防护剂,主要原理是先在要防护的大理石表面涂上一层底涂层(主要原料为六氟硅酸化合物),再涂上一层表涂层(由三烷氧基硅烷与四烷氧基硅烷组成),形成一种比一般树脂、有机硅防护剂等涂层更加耐候、耐水、耐磨、耐紫外线、耐污染的防护涂膜。

该方法不同于以往的有机硅防护剂的使用之处是:先以底涂剂与大理石中碳酸钙反应,同时六氟硅酸化合物侵入填充大理石微孔,形成坚固的结合层,之后,这层化合物与表涂层反应,形成防护膜与大理石紧密附着,有效地防止膜层脱落。因此,这种防护剂具有更优异的性能,经久耐用,能耐磨、耐热、耐老化、耐风化,能使大理石长期保持绚丽光泽。

三、纳米技术在装饰石材防护剂上的应用

纳米尺度的材料,又称纳米材料,其尺寸介于 0.1~100 nm。纳米材料在装饰石材上的应用已有报道,如果得到开发,必将对传统的装饰石材带来突破性的技术进步。其主要优点在于:

(1)渗透性和重涂性。在渗透型防护剂中,加入纳米级材料,会产生渗透力更强、防护剂附着力更强的效果。一般渗透型防护剂渗入深度在 5 mm 左右,而加入纳米材料后可渗透 10~20 mm,这对耐候性和持久防护十分有利。经过纳米防护剂处理的石材,使用若干年

防护失效后，其接受重涂性更为优越。

(2)防霉抗菌性。由于石材的天然性特征是多孔、有裂隙和吸水，因而先天存在着寄生各种微生物，如细菌、霉菌、酵母菌、藻类、植物、虫类、微型小动物的环境。利用纳米级材料制成的无机抗菌防护剂是消除这些影响的新技术，其主要途径是将银、铜、锌等氧化物或这类金属离子通过离子交换、吸附、包埋等方法负载到无机物上，如硅酸盐、碳酸盐载体上，涂刷到石材上后，通过纳米材料中不断释放的金属离子来杀菌，由于金属离子的正电子需要氧离子的不断补充，使细菌等微生物处于无氧状态和环境下，从而造成石材表面菌类和微生物死亡。

(3)自洁性。在石材防护剂中加入纳米级光触媒材料，光触媒材料吸收一定波长的光量子后，价带中的电子就会被激发到导电带，形成带负电的高活性电子 e^-，同时在价带中产生带正电的空穴 h^+。空穴对电子的吸引作用形成了光触媒材料的特殊的氧化能力。电子与空气中的氧还可生成负氧离子，这种负氧离子也有很强的氧化能力。这样就能使多数有机污染物被光触媒材料氧化，使之分解成无害的 CO_2、H_2O 和矿物酸，从而起到自动清洁和净化环境的作用。

第三章　石材的病变及防治

第一节　概　述

一、石材清洗技术的发展

石材的清洗过程实质上就是石材的病变治理过程，而石材的病变治理并不只限于石材清洗，但石材清洗技术是石材病变治理中最简单有效、经济实惠、使用最早、应用最广的方法。

石材清洗业起源于欧洲，随着欧洲工业化大发展，一些石材建筑受到了不同程度的污染，如德国特利尔市古罗马时期的"黑门"及石材工业比较发达的意大利比萨斜塔建筑群，在清洗、保护古建筑的过程中，促进了欧洲石材清洗业的发展。

欧洲工业的发展过程对于建筑石材来说也是经历污染和治理的过程，因此建筑用石材的清洗是世界各国建筑上大规模应用石材的需要。

随着我国经济建设的迅速发展，建筑装饰石材开始被大量采用，石材病变也随之出现，国内的石材清洗技术于20世纪90年代初开始兴起，主要是用于现代建筑装饰石材的清洗。国内主要的石材清洗产品有苏州非金属矿工业设计研究院生产的"润石"牌系列产品、浙江力宝高新建材股份有限公司生产的"美特能"系列产品、武汉科达云石护理材料有限公司生产的系列产品等。

建筑石材清洗技术的发展有一个不断完善的过程。各种清洗方法、技术规程正在不断的发展和制定当中，而且随着中国建筑石材清洗的需要，中国清洗行业还将有进一步的发展。

二、石材清洗的目的

石材作为一种重要的建筑装饰材料，正日益受到人们的喜爱和重视。一方面，由于石材具有很高的抗压强度和良好的理化性能，故被广泛地应用于建筑界各个领域；另一方面，由于其绚丽多姿的色彩，在外观上亦能满足人们的审美要求，因而在装饰材料的选择上为广大的用户所青睐。石材作为一种古老的装饰材料，长期以来一直为人们所推崇。在现代生活中，天然石材的装饰点缀，会给人一种返璞归真的感觉，但又不失雍容华贵的装饰效果。

石材的选用是现在高档建筑装饰的体现，高档建筑的业主或建筑设计师在确定装饰档次时，都会对石材的品种、花色进行反复的对比筛选，使其达到最佳的装饰效果。尤其是在施工时，对于石材颜色、花型、纹路、光泽、平整度都提出了非常高的要求，这些对保证施工质量和装饰效果都是非常必要的。由于其立竿见影，所以不论业主、监理、供应方和施工方都能非常好地把握。可一旦出现石材病变，以上的诸多努力都将付之东流。

石材清洗的目的是清除装饰石材存在的污染及病变，使石材恢复原有的色彩、光泽、纹理、质感。

石材清洗并不是对任何石材病变都有绝对的效果，它应当结合其他方法一起施工，使石材清洗达到最佳效果。

建筑石材的清洗多见于装饰施工完成后的产品，一旦清洗失败而造成石材损坏，在许多情况下是不可修复的。因此，设定一个清洗原则是非常必要的。

石材清洗应遵循一个原则：对症下药，不能对石材造成损伤。由于并非所有的石材清洗产品均为中性，而每种石材的耐酸碱程度也不尽相同，因此在石材清洗前，首先检测清洗剂的 pH 值，判断其是否可能对石材造成伤害，大面积施工前，应先进行小样试验，确定清洗效果。

三、石材病变清洗的现状

石材病变是各种石材受到污染、变色、失光、粉化、剥落等现象的统称，是拟人化的称谓。石材的清洗在国内起步较晚，各种清洗材料、设备、技术人员、经验等还有待进一步提高。目前，还只有少数专业的技术人员才能对症下药地对石材的病变进行治理。因此，现阶段的石材清洗技术还有一些不完善的地方和一定的局限性，例如：

(1)一些石材在施工完成后，从背面造成的病变，只能从正面进行治理，不能从源头上解决问题。

(2)一些顽固的石材病变，如墙面石材水斑的治理还不够彻底或清洗不理想。

(3)清洗的意识和费用还不为装饰企业及业主所完全接受。

(4)清洗的材料、工艺还需要进一步完善。

任何事物都有一个逐步发展和完善的过程，随着社会的需要和认识的提高，石材清洗正在成为一个新兴的行业，而且一定会越来越壮大。

第二节　产生石材病变的原因及过程

一、产生石材病变的主要原因

使石材产生各种病变的原因很多，归纳起来主要有如下几个方面。

(一)按辩证的观点分类

按辩证的观点分类，产生石材病变的主要原因可分为内因和外因。所谓内因，即石材的内部结构构造和化学成分引起的变化；所谓外因，即开采加工方法、安装施工工艺及使用环境等因素的影响。

1.来自石材内部的原因

1)石材的内部结构构造

石材天然存在的微裂纹和孔隙。

(1)花岗石(火成岩)主要由石英、长石和云母等组成，其凝固点分别为 1 723 ℃、1 100 ℃和 900 ℃ 左右，当岩浆凝固成岩石时，会发生相的分裂，自然形成颗粒和孔隙结构。

(2)大理石(沉积岩和变质岩)在地质沉积和重结晶时形成的颗粒和孔隙。

(3)其他天然石材大部分都有类似的颗粒和孔隙结构。

石材的微裂纹和孔隙结构是产生多种石材病变的主要原因。因为石材中天然存在的这种微裂纹和孔隙结构,天长日久会吸附空气中的细小尘埃和污物,通过毛细作用而慢慢渗入石材内部,从而大大地降低了石材的装饰性能和使用寿命。石材颗粒越小,孔隙率越高,毛细渗透作用和表面吸附作用就越强。

2)相对复杂的化学成分

石材的成分比较复杂,有些成分化学性质不稳定,容易与外界环境的物质发生作用,使石材产生侵蚀或变异现象。

(1)石材的含铁量与锈黄斑有直接关系:石材一般都不同程度地含有铁的成分(铁元素在地壳中的平均含量为4.2%),受到潮气的侵蚀会产生锈黄。石材中的含铁量越高,锈黄越容易产生。

(2)石材的钙质成分(大理石、白云石、灰岩等)与吐粉和起壳剥落等现象直接相关:大多数天然大理石的主要成分为碳酸盐,如碳酸钙和碳酸镁,还有少量的碱性氧化物。碳酸钙和碳酸镁是相对比较稳定的化合物,但某些碱性氧化物的化学性质不稳定,在潮湿的环境中,易与空气中的酸性氧化物(如二氧化碳、二氧化硫、三氧化硫、二氧化氮等)发生化学反应而改变大理石内部的物理结构:轻者会使石材表面失去光泽,甚至退色,出现斑痕;重者会使天然石材硬度下降,表面风化剥落。

(3)硅酸盐矿物容易遭到碱性物质的破坏,而碳酸盐矿物极易遭到酸性物质的腐蚀。

2. 来自石材外部的原因

产生石材病变的外部原因很多,如开采加工和储运过程中维护不当、安装石材所用的黏结材料的影响和自然环境因素等。

1)开采加工的影响

石材的裂纹可能与开采方法不当有关,加工所用的铁质工具也可能为石材产生锈黄而留下隐患,不适当的石材冷却液或许会污染石材。

2)储运过程的影响

储运过程中如果维护不当,所用包装材料也会使石材产生锈斑及草绳黄等污染。

3)安装施工工艺和黏结材料的影响

(1)如果安装石材时采用水泥砂浆粘贴的湿贴法施工,则水泥中的碱性可溶性物质会因雨水的侵蚀而沿着石材的毛细孔渗出到表面,而碱性化合物如 $Ca(OH)_2$、$Mg(OH)_2$ 等会与空气中的氧化物如 CO_2、SO_2、SO_3 等发生化学反应,生成 $CaCO_3$、$CaSO_4$ 在石材表面结晶,形成盐析泛碱现象。

(2)由于水泥水化后生成的某些盐类具有吸湿性,渗入石材后会吸收空气中的水分而在石材表面形成水斑,严重影响美观。

(3)使用不当的粘贴材料,如某些石材粘贴胶,也可能使石材产生黄变。

4)环境因素的影响

环境因素包括环境污染、酸雨侵蚀及冰冻破坏等。自然环境中受污染的空气、酸雨和其他一些人为的污染物都会对石材造成污染和腐蚀。另外,冰冻破坏也是一个不可忽视的环境因素,由于石材都具有吸水性(即使是采用干挂施工的石材),在寒冷的冬天,由于冰冻而加速其风化过程,使其强度降低,不仅影响使用寿命,还会威胁到人身安全。

石材内部发生的各种化学反应或物理作用几乎都与水有关,水是媒介。

(二)按病变机理分类

1. 化学原因

石材内部的元素与外界环境中的氧气、雨水、SO_2、SO_3、CO_2 等物质发生化学反应。

2. 物理原因

施工中的油渍、涂料、果汁等色素污染及使用中的冻损。另外,石材在被开采加工前,处于封闭隔绝空气的状态,在被开采加工后,自然环境发生变化,石材中的部分物质会失去结晶水而变得干燥、退色。

3. 生物原因

在存储及使用过程中的苔癣、地衣等生物生长。

二、石材病变的产生过程

石材病变产生于石材生产及使用的全过程。

(1)开采过程:可能产生暗裂等病变。

(2)加工过程:可能产生变色、锈斑、油渍污染等病变。

(3)运输过程:可能产生色素污染、锈迹等病变。

(4)施工过程:可能产生水斑、锈黄、油渍、油漆污染等病变。

(5)使用过程:可能产生水斑、白华、锈斑、色素污染、苔癣、风化、冻损、变色、失光、剥落等病变。

第三节　常见的石材病变

石材病变是影响石材装饰效果的重要因素,现在装饰石材需要清洗和治理的病变有很多,现阶段发现的主要石材病变有水斑、白华及水泥残渣、锈斑、风化、色素污染、胶粘剂污染、油斑及油污染、色差与退色、表面腐蚀等。

一、水斑

用水泥湿法粘贴石材时,吸湿性物质渗入石材内部后,使石材表面产生不易自然干燥的湿痕,称之为石材水斑。

(一)水斑的类型

从水斑形成的机理上分析,主要有以下几种类型。

1. 水合凝胶体型

水泥水化后的主要产物有碱 - 硅酸凝胶体等。天然石材微孔隙的毛细作用使凝胶类物质随着表面水的挥发迁移到表层并凝固下来。

水泥凝胶体为层(网)状结构,其比表面积达到 200 ~ 600 m^2/g, 凝胶孔的大小为 1.5 ~ 3 nm,仅比水分子大一个数量级,具有很强的吸水性,而且用简单的加热干燥等方法不能使这些凝胶体分解。吸附着水分的凝胶体呈现半透明状,使光的反射率发生变化,乍看起来像是石材被水润湿了。

当比较疏松的石材直接采用湿法粘贴时,往往会有这类水斑出现。

2. 吸湿性盐碱型

该类型包括水泥集料中自身所带的过高的盐碱和使用水泥外加剂所带入的可溶性盐碱类吸潮物质。这些盐碱类吸潮物质极易吸收水分,形成水合物而产生水斑。严重时还可使石材表面出现明显的盐碱斑(即同时出现白华和水斑,见图 3-1)。

(1)水泥集料中自身所带的盐碱:水泥细集料中的氧化物包括 Na_2O、K_2O 等,其碱含量为0.6% ~1.5%,与水混合后生成 NaOH、KOH 等水溶性碱类,一部分与集料中的活性二氧化硅(SiO_2)反应生成碱 - 硅酸凝胶体,一部分与集料中的方解石粉等反应生成碳酸钠和氢氧化钙等盐碱, 多余的将从石材微孔析出。

(2)使用水泥外加剂所带入的可溶性盐碱类吸潮物质:如水泥外加剂中的 NaCl(抗冻剂)、$CaCl_2$(早强剂)、三乙醇胺(早强剂)等。

在实际情况中,往往水斑的形成并非单一类型,最常见的是水合凝胶体型和吸湿性盐碱型相辅相成,由于易潮解的盐碱具有较低的水蒸气压,它们将吸附空气中的水分直至达到与外界水蒸气压的平衡,而石材微孔隙和水合凝胶体产生的附加压力(微孔毛细现象)使平衡更加有利于吸附更多的水分,因此不论外界天气如何,石材表层的水总是很难干燥。因为吸湿性盐碱被凝胶体包裹着,故要想清洗这类水斑也很不容易。

对于建筑装饰石材来说,水是万恶之源,石材形成水斑之后,往往其他病变也会相继出现,如水斑加白华、水斑加锈斑(见图 3-2)等。

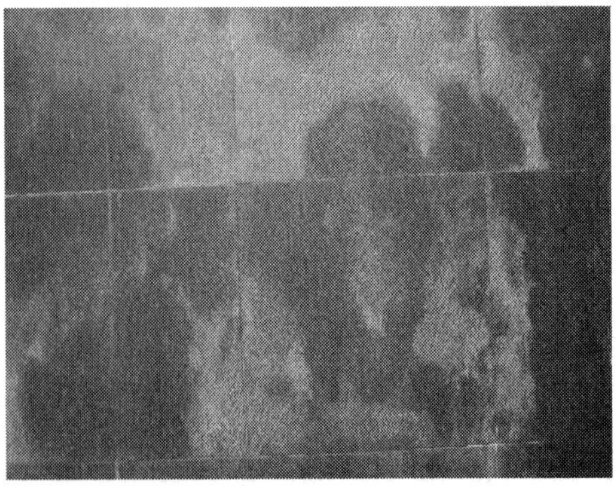

图 3-1 石材的盐碱斑(白华和水斑)

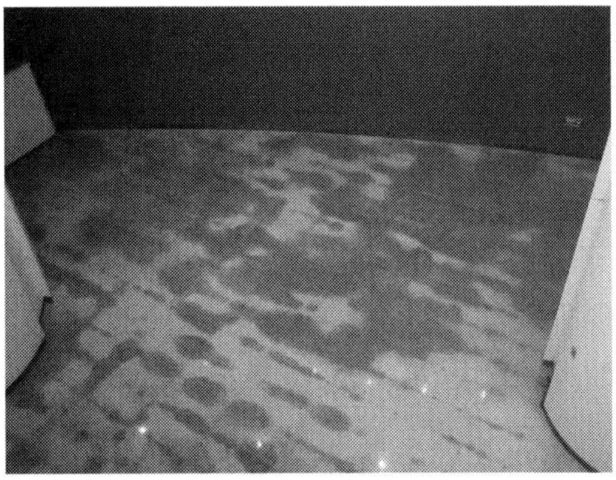

图 3-2 石材的水斑加锈斑

(二)水斑的成因

形成水斑的原因及其成分很复杂,不同环境下的石材,形成水斑的原因也各不相同,大多是因为水泥砂浆、水泥外加剂、酸雨环境等多种因素的作用而在石材的毛细孔形成了水泥硅酸凝胶体、盐碱等吸湿性的物质。也有的是有水源直接渗入石材的内部而使石材变得潮湿,从严格意义上讲,仅仅是水源直接渗入石材内部,还不能称之为水斑,截断与之相连的水源,石材便会慢慢自行干燥,但在潮湿环境下,水泥砂浆中的吸湿性物质会很快渗入石材内部而形成真正的水斑。引起水斑病变的原因归纳起来有以下几类。

1. 安装所用黏结剂的原因

石材安装所用的水泥中碱质含量过高或使用了不当的水泥外加剂。

2. 安装施工过程中使用了过多的水

由于施工时,水泥砂浆的流动性即含水率不能很好地掌握,含水多则水中溶进的盐碱也较多，容易形成水斑；含水率较小的，水中所含的盐碱也较少，不容易形成水斑。

石材在铺装时，为保证砂浆与石材黏结紧密，通常使用橡皮锤震实，而水泥砂浆在抹平时不可能做到密实度一致，在震实时水会向密实度低的部位云集，因此密实度低的水泥砂浆相对地在石材表面形成的水斑就较重。

3. 本身的密度差异

由于石材成分含量、形成的条件不同，其密度有较大的差异。石材的密度和孔隙率不一样，其吸水率也不一样，密度高的吸水率较小，密度低的吸水率较大。吸水率越高石材就越容易形成水斑。

4. 养护不当

有些石材生产厂家或装饰施工单位为了某种目的而直接用酸、碱清洗石材，残留的酸与水泥中的某些氧化物作用就生成可溶性的盐，进而吸收水分产生水斑（如山东白麻石材经常会出现此类情况），而残留的碱可直接吸收水分而产生水斑。另外，有些劣质的防护剂也是使石材产生水斑病变的罪魁祸首。

5. 环境原因

石材的使用环境经常有水源（持续水源）或是石材不断地处于雨淋状态，则导致石材相对更容易形成水斑。

若石材直接处于潮湿状态或间接地与水源相连，例如石材安装在底楼，而该地区的地下水位又过高，或石材毗邻潮湿的水池、花坛等，经常可以看到明显的水斑印迹（见图 3-3）。这主要是因为持续不断的水源使石材一直处于潮湿状态，而水泥砂浆中凝胶类物质和可溶性盐碱可以不断地随水分迁移穿越石材，并在石材表层聚集而形成水斑。石材淋湿或受潮，都会加重水斑的严重程度。因为水量越多，水泥砂浆中凝胶类物质和可溶性盐碱迁移穿越石材越容易，水斑在表层聚集得也越多。

图 3-3　持续水源（不断用水浇花）引起的石材水斑

另外，有时因为环境的污染而使石材局部颜色加深，看上去很像水斑，有些劣质的防护剂也是使石材产生水斑病变的罪魁祸首。再者，石材自身的颜色也会对水斑病变的表现产生影响，较浅颜色的石材（如山东白麻、美国灰麻、美国白麻等）较易观察到水斑，而深色石材（如黑金沙、丰镇黑、蒙古黑等）则不易观察到水斑。

（三）水斑的表现形式

1. 石材未做防护引起的水斑

石材未做防护或使用了劣质防护剂引起的水斑往往是大面积成片出现（见图 3-4、图 3-5）。

2. 石材表面防护剂漏刷或涂刷不均匀引起的水斑

石材表面防护剂漏刷或涂刷不均匀引起的水斑大多能看出涂刷的痕迹，界限比较明显（见图 2-16）。

图 3-4　石材未做防护引起的水斑

图 3-5　石材使用了劣质防护剂引起的水斑

3. 石材底面漏刷防护剂引起的水斑

石材底面漏刷防护剂引起的水斑亦能看出涂刷的痕迹，但界限相对比较模糊（见图 2-17）。

4. 石材侧面漏刷防护剂引起的水斑

石材侧面漏刷防护剂引起的水斑多出现在每块石材的四周，从边缘向中心辐射（见图 2-18）。

二、白华及水泥残渣

在用水泥黏结石材时，水泥中的碱性物质通过石材内部的毛细孔到达石材表面，干燥后留下的白粉状物质，称之为白华。

有些毛面甚至光面石材，由于湿法安装施工时水泥砂浆污染了石材的表面而没有及时清除，待砂浆完全硬化后便永久地留在了石材表面，严重影响了石材的装饰效果。有些瓷砖，如防滑地砖和抛光砖等，也同样存在被水泥残渣污染的问题。

（一）白华的类型

1. 原生白华

首次直接从石材中渗出的白华，称之为一次白华或原生白华，主要化学成分为 $Ca(OH)_2$。原生白华比较疏松，因其硬度很低，莫氏硬度 2 度左右，用手指甲就很容易抠掉，大多可以擦除。

2. 再生白华

随着时间的推移，原生白华与空气中的二氧化碳（CO_2）、二氧化硫（SO_2）、三氧化硫（SO_3）等发生化学反应而形成新的结晶（$CaCO_3$、$CaSO_4$），称之为二次白华或再生白华，再生白华硬度较高，一般比较坚硬，不易擦除，必须采用专用清洗剂清洗。

（二）白华的成因

白华的成因是石材采用水泥砂浆湿法安装施工后，水泥砂浆中的可溶性盐碱物质（如 $Ca(OH)_2$、NaOH）随着雨水从石材的接缝、裂隙和毛细孔中渗出，或是酸性雨水将水泥溶解后渗到石材表面，随着雨水的蒸发而重新结晶出来。

有些大理石本身就含有盐碱或碱性氧化物的成分，特别是靠近海边的矿山，或是以前的海洋经地质变化而隆起形成的矿床（如某些米黄大理石），在潮湿的空气中即使没有湿贴安装，也会自行产生白华。

(三)白华的表现形式

1. 接缝流挂型

白华从石材的接缝中渗出,呈向下流挂型(见图 3-6)。

2. 毛细孔渗透型

白华从石材板面的毛细孔中渗出,因石材各部位的密度不尽相同或是粘贴石材的水泥砂浆存在空鼓现象,所以在石材的表面生成不规则图案的白色粉末,亦称地图型(见图 3-7)。

3. 节理(裂纹)渗透型

白华从石材板面的裂纹中渗出,明显顺着石材的裂纹走向而集中(见图 3-8)。

图 3-6　石材接缝中渗出的白华

图 3-7　石材毛细孔中渗出的白华

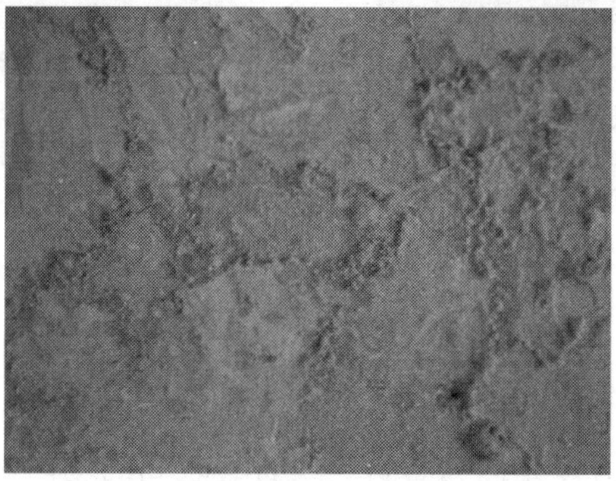

图 3-8　石材裂纹中渗出的白华

三、锈斑

含铁物质进入石材内部或石材中的铁质与环境中的化学物质发生反应,在石材表面形成黄色或黄褐色的斑迹,称为石材锈斑。

(一)锈斑的成因

锈斑主要由石材中的铁元素经氧化而成,实质上是一个电化学反应过程,铁、水和氧是促成锈斑形成的必不可少的三大要素:

$$2Fe + O_2 + H_2O \rightarrow Fe_2O_3 + H_2$$

有人喜欢用酸液清洗石材,殊不知酸洗大大加快了锈斑的产生过程(见图 3-9):

$$2Fe + 6H^+ \rightarrow 2Fe^{3+} + 3H_2$$

石材中的铁质主要来源于两个方面：一是石材本身所含的铁质(见图3-10)；二是外来的铁质污染，如加工时残留的钢砂、安装施工时的铁质工具和脚手架(见图3-11 脚手架钢管引起的铁质锈斑)、装潢的金属器件或电焊渣(见图3-12 电焊渣铁质引起的锈斑)等。

图3-9 酸洗石材产生的锈斑

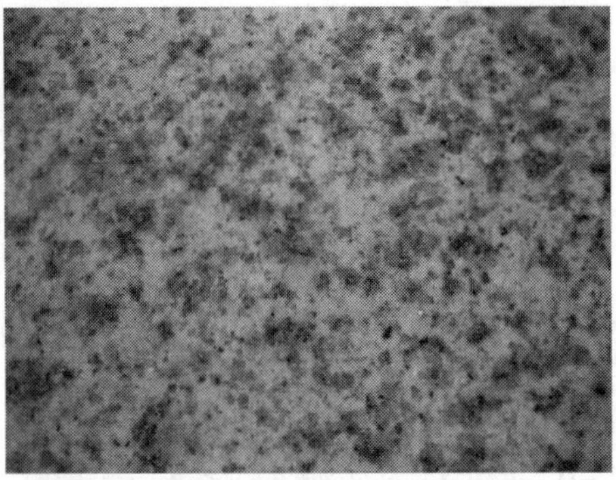

图3-10 石材自身所含的铁质

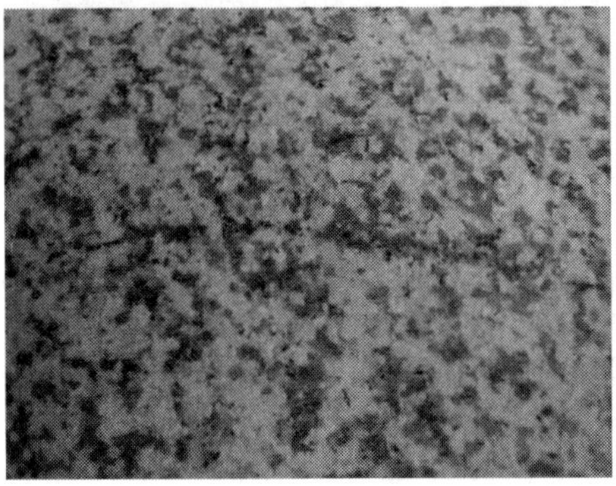

图3-11 脚手架钢管引起的铁质锈斑

图3-12 电焊渣铁质引起的锈斑

(二)锈斑的表现形式

1. 大面积严重锈斑

出现大面积严重锈斑大多是因为石材自身含有较高的均匀铁质(见图2-3)。

2. 局部集中锈斑

此类锈斑可能是石材自身含有较高的集中铁质，或是外部铁质集中污染(见图3-13)，或是虽然石材自身含有较高的均匀铁质，但促使铁质锈蚀的外部环境不均匀，如局部接触水源等。

图3-13 局部的集中锈斑

3. 伴生型锈斑

石材的某种病变往往并非单独发生，而是与其他病变共存的。与石材的其他病变(如水斑、白华等)相伴而生的锈斑，称之为伴生型锈斑。

四、风化

风化是指石材在大气、水和生物等外力的长期联合作用下发生破坏或化学分解的现象。

按作用性质的不同可分为物理风化、化学风化和生物风化，总称风化作用。风化作用的直接结果是石材表面失光、粉化和剥落。粉化和剥落是石材风化作用的严重后果。

（一）物理风化

1. 冰冻作用

温度下降到 0 ℃以下时，石材中吸收水分冻结成冰而膨胀，使石材发生破损。

冻损现象主要发生在北方等天气比较寒冷的地方。当石材毛细孔吸收足够的水分后，一旦气温降到 0 ℃以下，石材中的水分就开始结冰，体积发生膨胀。当冰块的膨胀力大于石材的结构力时，石材就会产生损坏，这就是冻损现象。

一般来说，物质都是遵守“热胀冷缩”规律的，而水恰恰相反。当 1 m^3 的水结成冰后，其体积会增加至 1.11 m^3，因此当水进入石材毛孔或缝隙后遇冷结冰，体积增大，从而增大石材的内部应力，经反复冰冻，石材的内部结构便受到破坏，当冰的膨胀力大于石材结构应力时，石材就会破碎。

2. 紫外线照射

石材本身具有许多毛细孔，且毛细管越小毛细现象越显著。因此，石材吸水后，在阳光（紫外线）的辐射下，水分在石材的毛细孔中的蒸发速度随之加快，水分中带有对石材有侵蚀作用的物质对石材的侵蚀速度也会加剧，从而引起石材的老化。

3. 风沙粉尘侵蚀

风沙的吹打会造成石材表面的失光和磨损，细小的粉尘渗入到石材的毛孔会污染石材。

（二）化学风化

1. 氧化作用

石材中的矿物质元素在自然界发生氧化反应，造成石材损伤。

2. 酸雨作用

空气中的二氧化碳、二氧化硫等氧化物和雨水结合形成酸雨，对石材造成腐蚀而使其表面失光或损坏。

3. 水解作用

石材中的某些矿物盐通过水解作用从石材中渗出，使石材遭到破坏。

4. 水合作用

有些大理石中所含的结晶水合物在干燥的空气中失去一部分或全部结晶水，其原有结晶形态被转变或破坏，使石材表面出现粉末状覆盖层（粉化现象）；而有些大理石中的吸湿性盐碱成分比较高，在潮湿的环境下发生水合反应而膨胀，渗出石材的表面而产生粉末状覆盖层（粉化现象），或当水合膨胀力大于石材的结构力时，引起石材的表面部分胀裂而剥落（见图 3-14）。

图 3-14　石材的粉化剥落

（三）生物风化

1. 生物繁殖

在有水和温度适宜的条件下，自然界中某些生物，如菌类（见图 3-15）、苔藓（见图 3-16）、爬山虎（见图 3-17）、树木（见图 3-18）等植物附着于石材的表面生长发育，从而使石材表面遭到破坏。

图 3-15 霉菌生长

图 3-16 苔藓生长

图 3-17 爬山虎生长

图 3-18 树木生长

2. 有机质腐蚀

有些微生物和植物在生长繁殖的过程中能分泌出一些有机酸，另外，有些微生物死后也会腐烂分解出有机酸，这些有机酸会使石材产生剥蚀的现象。

各种风化过程往往并非独立发生，而是多种风化过程同时进行（见图 3-19）。

五、色素污染

（一）色素污染的类型

1. 直接污染

茶汁、咖啡溶液、果汁饮料、墨水、记号笔（见图 3-20）、染料、颜料（见图 3-21）、动物的排泄物、生物腐烂液、微生物的繁殖等都可能使石材产生色斑。

2. 间接污染

（1）包装石材所用的草绳、夹板、纸箱（见图 3-22）、木箱、农作物秸秆、钢带等，受潮后也会污染石材。

（2）当在施工现场保护成品石材时，使用纸箱板、纤维板、木屑、彩条布等，这些保护材料沾到水或有机溶剂后，其中的植物色素或有机色素也会污染石材。

图 3-19 多种风化综合

图 3-20　记号笔污染石材

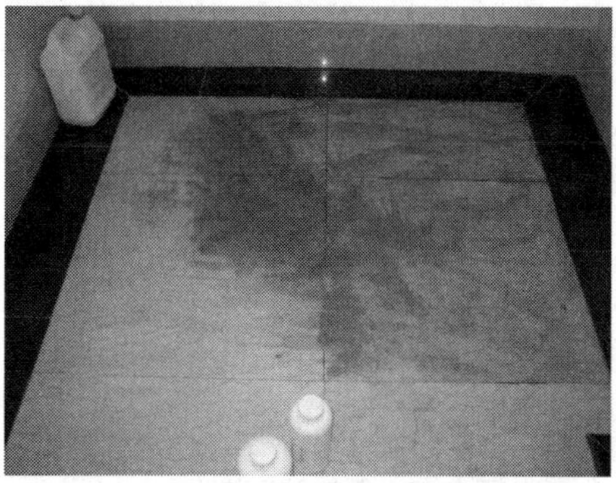

图 3-21　颜料污染石材

(3)植物色素污染也是较易发生的病变，一般发生在石材边缘或表面，有机植物在雨水中长期浸泡后发生的色素溶解于水中，并随雨水一起进入石材，它的黄色比铁锈黄要浅，当断绝水源后，颜色不会增加。

图 3-22　保护石材的纸箱受潮后污染石材

(二)色素污染的过程

1. 加工过程

机械设备的油脂色素及记录、排板编号所用的记号笔、墨水等污染。

2. 储运过程

包装材料色素污染。

3. 安装施工过程

(1)交叉施工过程可能造成涂料、油漆色素污染石材。

(2)化学色素及胶类色素污染。胶类色素污染主要是在施工中使用了不合格的黏结胶或密封胶，它的病变一般发生在石板的四周及粘贴点处，被污染部位的颜色较正常石材的颜色要深一些，呈油斑状，随着时间的推移还可能产生黄变。

(3)成品保护材料色素污染。

4. 使用过程

生产生活用品的色素污染，如茶汁、咖啡溶液、果汁饮料、墨水、记号笔、颜料、动物的排泄物、生物腐烂液、微生物的繁殖等。另外，北方地区的暖气水泄漏，水中添加的色素及锈黄也会对石材造成污染。

六、胶粘剂污染

不干胶、封箱胶带、口香糖、云石胶、干挂胶(见图 3-23)、密封胶、修补胶、背网胶、复合板黏结胶(见图 3-24)、油漆、沥青、云石蜡等在石材表面黏结附着、渗透、硬化而造成的污染。

图 3-23　干挂胶污染石材

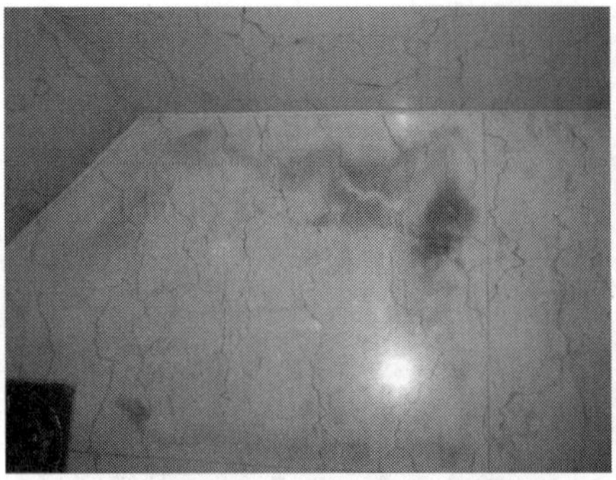

图 3-24　复合板黏结胶污染石材

七、油斑及油污染

石材的油污主要由以下几个原因造成，这些油脂进入石材的表面层而形成油斑，石材上的油斑有自动吸附和溶解灰尘的能力，进而形成油污斑。某些油污斑还含有炭化的有机物而形成黑污斑。

(1)石材加工过程中，加工机械中的油脂泄漏造成污染。

(2)搬运、安装和使用过程中相关器物、机械或车辆泄露的机油或润滑油等的泄漏扩散(见图 3-25)。

(3)食用油污染，多见于餐厅、厨房等用餐场所(见图 3-26)，建筑工地上用餐有时也会造成石材污染。

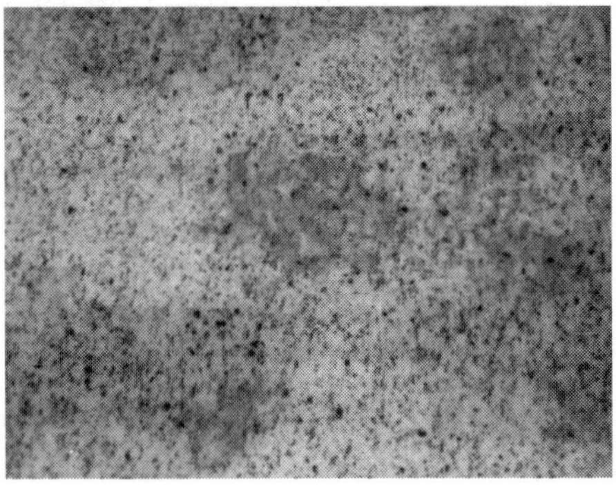

图 3-25　机油泄漏污染石材

图 3-26　食用油污染石材

(4)石材使用维护过程中所用的石材蜡、保护油等因品质低劣或使用不当而造成污染。

八、色差与退色

(一)石材的色差

石材的色差是指同一品种石材之间的颜色差异(见图 3-27)。颜色包含色调、饱和度和亮度三个特征，色差是这三者的综合差异。

图 3-27　石材的天然色差

(二)色差的成因

(1)石材的矿物成分或化学成分不同，或者分布不均。

(2)物理结构不同,即石材各部位矿物的晶斑大小不同或密度不同。

(3)石材安装在同一装饰结构的不同部位,受外界条件的影响不同而引起退色不均。

(三)石材的退色

退色是指石材的颜色逐渐消失衰减。天然石材经过一段时间的使用后,颜色开始逐渐衰减,原本鲜艳亮丽的石材开始变得灰暗,这也是大多数石材的通病。

(四)退色的成因

(1)石材的化学成分发生了改变,如石材中的某些显色物质与空气发生了氧化反应而引起色调改变。

(2)石材中某些矿物质失去结晶水,而使石材的色调和饱和度下降。

(3)大气中的酸性气体或酸雨作用,使石材的色调和亮度发生改变。

九、表面腐蚀

石材由不同的矿物组成,其主要成分为硅酸盐或碳酸盐,不同化学物质会对它们产生不同的腐蚀作用,如碱性物质会对硅酸盐矿物产生影响,而酸性物质则会严重腐蚀含碳酸盐矿物的石材。

第四节　石材病变的判别

一、石材水斑病变的判别

水斑是用水泥湿法粘贴石材时,吸湿性物质渗入石材内部后吸收空气中的水分,使石材表面产生不易自然干燥的湿痕。但石材表面潮湿并不一定都是水斑,可用以下几种方法进行判别。

(一)试纸测试法

先用清水湿润石材的湿痕处,然后用 pH 广泛试纸测其 pH 值,试纸呈蓝色($pH>7$),属碱性,即为水斑。

(二)自然等待法

如果石材内部没有吸湿性物质,只是因为石材吸收了水分,等待一定时间后石材便会自然干燥。水斑最显著的特点是无论天气怎样变化,石材表面的湿痕总是干不了。

(三)火焰烘烤法

用火焰烘烤石材的潮湿表面,如果很难烘干,或即使烘干了,但移去热源,待石材冷却后湿痕很快又恢复,则为水斑。

二、白华及水泥残渣的判别

从湿贴石材的内部渗出,在其表面上自然形成的白色粉末状物质即为白华,其特点是从石材内部自然形成。

湿法安装施工时水泥砂浆污染了石材的表面而没有及时清除,待砂浆完全硬化后便永久地留在了石材表面即为水泥残渣,其特点是属于外来物质污染。

三、锈斑病变的判别

石材表面呈现黄色或黄褐色,色度有深浅,颜色从石材的内部向外发散,或是从中心向四周发散,有时能看出隐约的铁质痕迹,或是黄斑附近有铁器存在,一般可认为是铁质锈蚀作用引起的锈斑。

四、石材风化的判别

石材表面风化程度的检验可以使用建筑用回弹仪测定。测定采用对比法,即对风化石材测取回弹数值,与同品种未风化石材的回弹数值进行比较,确定石材表面强度值下降情况。

五、石材表面腐蚀的判别

石材表面腐蚀的判别比较直观,可以通过观感和触感来判断。首先,观察石材的表面状况,看是否有局部光泽度下降,另外,有些石材被腐蚀后,不但光泽度下降,还伴有颜色的变化,大部分石材被腐蚀后颜色会变浅。其次,用手触摸石材的表面,如果石材的表面局部变得比周围粗糙,亦可判断为石材表面被腐蚀。石材被腐蚀往往只发生在局部,如果石材整体光泽度下降或是变得粗糙,则可能是石材已风化的表现。

六、石材表面色素污染的颜色判断

石材表面色素污染的颜色判断一般有三种渠道,即化学分析、模拟分析、经验判断。

(一)化学分析

化学分析是通过试验分析仪器对日常生活中千万种物质的污染进行色谱或光谱测定。使用化学分析成本太高,而且也不实用。

(二)模拟分析

对照已污染的石材,分别用相同的石材和数以百种的日常污染源去进行人为的污染,可以找到污染物,但成本太高,效率低。

(三)经验判断

我们也可以从石材被污染的颜色来初步判断可能的污染物,经验判断是现阶段确定污染源最实用的方法之一。

(1)石材表面整体变黄:若这种变黄是随时间增长色彩愈来愈深,且这种变黄通常是在大面积使用表面蜡处理之后,一般可认为是使用蜡液防护剂所致。使用蜡质防护剂致使石材颜色越来越深的原因是最初的蜡被后面的新蜡覆盖后,其未清理掉的污物尘埃也一同被覆盖在新蜡层下,且随着重力、人踩、振动、升温等,蜡被挤进石材表面浅层孔隙中,时间愈长,周而复始地新蜡盖旧蜡,使石材颜色变深。现在尽管有专门去除蜡液的起蜡水、洗蜡液,但有些起蜡水的起蜡原理是溶解蜡层,孰不知,溶解后的蜡液更容易进入石材浅表层,只不过使用起蜡水之后再覆盖新蜡,由于清洗掉大部分旧蜡,能促使石材变黄的过程缓慢一些而已。另外,劣质防护剂的使用及防护剂使用不当也会引起石材整体发黄。

(2)石材表面局部呈现黄褐色:如果黄褐集中,色度有深浅,部分有挂流痕迹,一般可认为是铁质锈蚀引起的黄锈斑;但有些黄色呈条带状,并无流挂褐色,则可能是草绳、木条等包装物污染所致。

人们将易对石材造成污染的物品进行了归纳，表 3-1 是石材可能被污染后的颜色及对应的污染源。

表 3-1　石材可能被污染后的颜色及对应的污染源

污染后的颜色	对应的污染源
黑色	焦油、柏油、菌类植物、润滑油、煤灰、墨汁、灰尘、鞋印、鞋油、劣质防护剂
蓝色	铜锈、蓝墨水、植物肥料
棕色	水藻、木屑、咖啡、茶、烟草、润滑油、汽油、巧克力、尿液
灰白	铝屑、白华
绿色	染料、铜锈、绿墨水、水藻
橘色	铁锈、果汁饮料、食物
红色	血液、铁锈、红墨水、食物
白色	铝屑、白华、油染、石灰、涂改液
黄色	蛋黄、润滑油、铁锈、尿液、变质的蜡、劣质防护剂

七、石材表面粗糙的判别

如果原本是光面石材，或周围是光面石材，而仅为局部出现侵蚀现象，可用手触摸来判断石材的污染种类。如果是大理石类石材(以碳酸钙为基本成分的一类石材)，其粗糙面可能是被酸液或强碱液侵蚀造成的；如果是花岗石类石材(以硅酸盐为基本成分的一类石材)，其粗糙面可能是发生碱性水斑之后，造成石材表面部分结晶颗粒剥落所致。

八、人为触摸石材污染区域后的判别

(1)在光滑的石材表面区域用手触摸石材，当手划过光滑的表面接触到污染区域时有粗糙感，若是大理石类石材，则大多是被酸性物质腐蚀、溶解的结果；若是花岗石类石材，则多为长期处于碱性水斑后，花岗石将要剥落的前兆。可使用广泛试纸进行酸碱度判别以得到验证。

(2)手触摸石材表面有粉状物，如撒上的面粉或疏松海绵粉尘，擦去后过几天仍会持续出现，则多为白华，需进一步用试纸或化学分析得到验证。

九、用嗅觉判别石材污染

若有酸味，且石材又装于卫生间、洗漱间，多为尿液或食物发酵或呕吐物所致；若有刺鼻溶剂味道，且石材又处于储放溶剂场所、待装修场所，则多是被溶剂污染的。

第五节　石材清洗技术概论

一、石材清洗的方法

(一)化学清洗法

化学清洗法即通过化学药物与石材病变发生化学反应从而消除石材病变(见表 3-2)。

表 3-2　石材化学清洗法

清洗法类型	清洗对象	清洗原理	使用的化学品	清洗效果评价
表面活性剂清洗法	水磨石、大理石、合成石、板石、花岗石、人造石等材料上的有机、无机污垢，如油渍、橙汁、酱油、水彩颜料、奶渍、冷饮渍	利用表面活性剂来降低被清洗对象界面的张力，通过润湿、吸附、乳化、增溶、分散、脱离等化学运动，使污垢分子脱开，分离原石材表面，从而清除污染	水软化剂、蛋白活性酶、污渍悬浮剂、阴离子表面活性剂、香料、碱类	表面污垢清洗效果好
碱性溶液清洗法	大理石、花岗石、板石、人造石、合成石、水磨石、微晶石等材料上的油污	利用碱性溶液具有的皂化、乳化、悬浮、滑腻等功能来达到疏松、分散、悬浮石材表面污垢的目的。油污分为可皂化的和非可皂化的，可皂化的遇碱易溶于水中，较容易清洗掉；非可皂化的，如矿物油的清洗，可借助乳化剂进行清除	氢氧化钠、碳酸钠、碳酸氢钠、软化水、磷酸三钠（乳化剂）、硅酸钠（乳化剂）	消除装饰石材表面的油污效果好
酸性溶液清洗法	花岗石、硅质板石、微晶石等材料上的铁锈污染	利用酸溶液来去除硅质石材中的铁锈，待铁质溶解后用水稀释酸液，消除残液	无机酸（盐酸、硫酸、硝酸）、有机酸（柠檬酸、草酸、氨基磺酸）	鉴于无机酸对石材腐蚀性大，不适用于大理石类。锈斑清洗只限于石材表面，是短期的效果。如果直接用酸液清洗石材，往往造成石材锈斑更加严重
络合剂清洗法	大理石、花岗石、板石、水磨石、合成石、人造石等材料上的金属污染	利用络合剂能对石材表面上成垢的金属离子产生络合作用或螯合作用，使污垢生成可溶于水的络合物的方法进行清洗	乙二胺四乙酸多钠盐	对金属离子污垢清洗较好，利于保护石材，对石材腐蚀性较小
电化学清洗法	花岗石中金属污染	使用直流、交流或脉冲电将石材污染板放入能够导电的离子液中，借助正负两极板间的电场力，使石材污垢中的离子或有极性的分子发生电化学反应，促使污染分子按一定规律向一个方向运动，使污染物脱附、移动达到清洗的目的	氯化钠、葡萄糖粉、离子水等可以导电的液体	可去掉花岗石表面及浅表面以下一定深度的铁锈，使用成本高，效率低，不用于工业化生产和现场操作

续表 3-2

清洗法类型	清洗对象	清洗原理	使用的化学品	清洗效果评价
有机溶剂清洗法	大理石、花岗石、水磨石、板石、人造石、微晶石、合成石等材料上的油脂、油斑等以及可溶于有机溶剂的黄油、凡士林等	借助有机溶剂对污染物的溶解能力,有针对性地使用专门溶剂清洗石材,稀释后用清水或洗涤液洗净	甲苯、二甲苯、乙酸丁酯、酒精、丙酮、汽油	清除油剂比一般碱性清洗液效果好,但存在有害、有毒气体挥发,应注意防护,不宜大面积在工程中使用,易发生火灾和造成环境污染,可小范围少量使用
生物化学清洗法	石材的局部小面积污染	借助微生物在生长过程中的活动,如发酵、排酸、软化等,对石材上小面积的块状污染物进行由硬到软再到脱离的清洗过程	酵母菌、酒类的乙酸乙酯	适用于小范围、小面积、块状物清理,无法工业化生产和现场操作

化学清洗法是装饰石材清洗使用最多的方法,也是最简单、易操作的方法,且投资小、清洗效果明显。目前,大多数石材清洗都采用化学清洗法。

(二)物理清洗法

使用高低压水洗、吸附、激光、抛光等物理方法消除石材病变。

物理清洗一般不会对石材造成永久性损坏,但清洗完成后,应使用石材防护产品进行防护护理。

(1)低压喷水法:水流缓和、容易控制,但效率低,易造成石材与建筑金属件或墙体的浸泡损坏和微生物、植物、动物的生长。

(2)高压喷水法:有高效、廉价的特点,但使用起来较难控制,强大的压力易造成石材的边角损坏,一般不能用于石材文物和艺术品的清洗。

(3)水蒸气喷射、雾化水淋法:清洗效率比较低,在实际应用中不多,主要用于对一些石材文物、小型珍贵工艺品的污物清洗。

(4)离子喷射法:此法属于干洗,利用石英粉、天然细砂、刚玉粉、玻璃微珠、方解石粉等,通过高压气流将其喷射到石材表面。但该法也会损伤石材表面,故只是在一些特殊方面应用。

(5)激光清洗法:利用激光束清除石材表面的附着物,省时、无水、安全,但因成本高,在装饰石材工程上使用很少。

(6)抛光清洗法:通过机械抛甩金属颗粒、无机非金属颗粒,达到去除石材表面污垢的目的,适用于室外大型结构石材,不适合装饰石材。

(三)化学物理综合清洗法

化学物理综合清洗法既有化学反应,又有物理清洗过程的清洗方法。它的清洗过程是通过化学清洗和物理吸附来完成的。

二、石材清洗施工流程

石材清洗施工流程为:石材表面清洁→ 石材干燥→围挡保护 →选择清洗剂 →涂刷清洗剂→清水清洗→ 干燥。

(一)石材表面清洁

使用干净抹布清除石材表面尘土及其他附着物,较大面积需要清洗时,可使用专用清洗机,并按清洗机操作要求进行操作。清洗完成后,使用吸水机吸干表面水渍。吸水机操作按吸水机的使用说明进行。

(二)石材干燥

石材表面应采用自然通风、干燥,不得使用高温、火烤等干燥方法。

(三)围挡保护

使用警示牌围挡施工部位,防止其他人员误入造成损伤或污染石材。

(四)选择清洗剂

检查污染状况,观察污染渗入情况,根据污染源对症选择清洗剂。

(五)涂刷清洗剂

带好防护用具,使用毛巾或毛刷将清洗剂涂刷于污染处。若有必要,可将纸巾附着于污染处。将清洗剂置于纸巾上,上附保鲜膜,保持湿度。

(六)清水清洗

污染消除后,应使用清水清除残留的清洗剂,至 pH 值为 7 ~8。

(七)干燥

石材表面清洗后,应自然风干。其间不得接触污染物、雨水、粉尘。检查石材表面颜色是否一致,污染物是否彻底清除干净。

第六节　石材病变的治理

一、石材水斑病变的治理

形成水斑的原因及其成分很复杂,不同环境下的石材,形成水斑的原因也各不相同。水斑被称之为石材的癌症,要彻底清除水斑,可以说非常困难,最好的办法就是预防。

解决水斑病变有两种处理方案,即清除还原法和增艳调色法。清除还原法就是清除石材的水斑病变,使石材恢复原有的面目,此种方法是解决石材水斑问题的最理想方案,但也是最难的方案,由于形成石材水斑病变的原因很复杂,特别是房屋底层直接接触地面和水源附近的石材,不一定能达到完全令人满意的效果。如果石材的水斑病变无法用清除还原法达到治理的目的,则可用增艳调色法来消除因水斑病变而使石材产生的色差,以提高其装饰效果。

(一)清除还原法治理石材水斑

清除还原法包括物理烘烤法、化学清洗法、清洗烘烤综合法。

1. 物理烘烤法

这种方法主要是利用高温高热的作用析出碱－硅酸凝胶体中的水分，使其变成固态胶体后，再采用石材养护剂进行防水处理。由于这种办法只是处理了石材的表面部分，所以当碱－硅酸凝胶体变成固态后，又会马上从石材底部及四周吸收水分，重新形成水斑。常用的器具是太阳灯（见图 3-28）或喷火器（见图 3-29）。

图 3-28　利用太阳灯烘烤石材水斑

图 3-29　利用喷火器烘烤石材水斑

2. 化学清洗法

这种方法主要是利用石材水斑清除剂进行清洗，清除或破坏石材中形成水斑的碱或碱－硅酸凝胶体，使其失去吸潮能力，从而达到治理水斑的目的。

3. 清洗烘烤综合法

利用石材水斑清除剂清除或破坏石材中形成水斑的碱－硅酸凝胶体，再用物理烘烤法烤干石材中的水分。

（二）增艳调色法治理石材水斑

增艳调色法就是用增色的方法将有水斑病变的石材中颜色较浅的部分石材颜色加深，使其达到与深色部分石材的颜色相同或接近，从而达到美观的装饰效果。增艳调色法又分为防护增艳调色法和普通增艳调色法，防护增艳调色法在调整石材颜色的同时也起到防护作用，普通增艳调色法只调整石材的颜色，不起防护作用。

目前，对于水斑的治理，效果还是不太理想，这也是石材养护行业中亟待解决的一道难题。鉴于此，对水斑的预防就显得尤为重要。

（三）水斑治理典型案例分析

1. 清洗还原法治理石材的水斑病变

1）石材种类

美国灰麻光面花岗石。

2）病变情况

石材安装前已作防护处理，但有部分石材的防护剂涂刷不均匀和漏刷，致使石材产生严重的水斑污染，如图 3-30 所示。

3）治理材料

（1）石材多功能清洗剂。

（2）石材水斑清除剂。

(3)石材油性防护剂。

4)施工方法

(1)在非石材及石材的非清洗部位做好保护。

(2)清理石材上的污物及表面浮尘。

(3)用石材多功能清洗剂清除石材表面的蜡质及防护剂(若石材未曾打蜡及作防护处理,可省略此道工序)。

(4)用拧干的湿拖布清除石材表面的污物及残留的石材多功能清洗剂。

(5)将石材水斑清除剂的A、B组合(清洗剂)按A∶B=3∶1混合均匀后刷涂于石材的表面,停留24 h以上,将石材表面清理干净,自然晾干1~2 h。

(6)重复方法(5),直至石材表面颜色明显变淡,自然晾干24 h以上。

(7)用软塑料薄膜将石材整体盖住(包括周围未出现水斑病变的部分石材),然后逐步将塑料薄膜部分掀起,将D组分(催干剂)倒在塑料薄膜下,盖上塑料薄膜,用软毛刷隔着塑料薄膜将D组分均匀刷开后再用密封胶带或重物将塑料薄膜四周密封24 h,揭去石材上的所有覆盖物,自然晾干7 d。

(8)重复方法(7),自然晾干15~60 d,至石材表面水斑完全消失。

(9)用石材油性防护剂进行防护处理。

5)治理效果

治理后效果见图3-31。

图3-30　美国灰麻光面花岗石水斑病变

图3-31　美国灰麻光面花岗石水斑病变治理后效果

2.防护增艳调色法治理毛面花岗石的水斑病变

1)石材种类

福建产603#烧毛板。

2)病变情况

石材安装前已作防护处理,但有部分石材的防护剂涂刷不均匀和漏刷,特别是石材的侧面防护不到位,致使石材产生严重的水斑污染,如图3-32所示。

3)治理材料

(1)石材增光增艳防护剂。

(2)麻石清洗翻新剂。

4)施工方法

(1)在周边的光面石材部位用透明胶带做好保护。

（2）用毛刷将石材增光增艳防护剂涂刷于整个石材表面，用量为 10 m^2/L 左右，浅色石材部位适当加大防护剂用量。

（3）待防护剂充分渗入石材内部（最少 24 h 以上），检查石材的表面颜色是否基本一致，若仍有色差，将石材的浅色部位再涂刷一次石材增光增艳防护剂，并让其充分渗入石材内部，如此重复直至石材的色差完全消除为止。

（4）用麻石清洗翻新剂将石材表面清洗干净。

（5）用水将石材表面再拖洗一次，并将水充分拖干。

5）治理效果

治理后效果见图 3-33（局部）。

图 3-32　毛面花岗石的水斑病变

图 3-33　毛面花岗石的水斑病变治理后效果（局部）

二、白华及水泥残渣的治理

白华一经出现，就必须迅速采用正确有效的办法来进行治理，才能避免病变进一步恶化而影响到石材的装饰效果。

（1）首先，要确定产生白华主要是由于石材施工时水泥中的水分引起的还是由于外部水源（如墙体漏水）引起的。如果是由于外部水源（如漏水）引起的，则应先堵住漏源，然后再进行白华清理工作。

（2）花岗石（包括蛇纹岩大花绿大理石）上的白华及水泥残渣可以采用白华清除剂或强力清洗剂进行清洗。而对于光面石材，大量堆积的水泥残渣及年代久远的厚层白华，为了节约清洗成本，可以先用工具进行铲除，然后再用清洗剂清洗，或是将铲除与清洗交替进行，均能达到满意的清除效果。毛面石材由于凸凹不平，表面难以清理，建议涂刷好白华清除剂后，让其充分反应 10 ~ 15 min，再用尼龙板刷重力刷洗。如果一次不够，可以重复多次，直到完全清理干净。

（3）对于大理石（蛇纹岩大花绿大理石除外）上的白华和水泥残渣，清洗起来往往比较困难，因为大理石（变质或沉积的碳酸盐岩类的岩石，其主要的化学成分是碳酸钙（$CaCO_3$），约占 50%，还有碳酸镁（$MgCO_3$）、氧化钙（CaO）、氧化锰（MnO）及二氧化硅（SiO_2）等）的化学成分与白华（其主要化学成分为氢氧化钙（$Ca(OH)_2$）、氧化钙、碳酸钙、硫酸钙（$CaSO_4$）等）和水泥残渣（硅酸盐水泥熟料的化学成分主要由氧化钙、二氧化硅、三氧化二铝（Al_2O_3）及三氧化二铁（Fe_2O_3）四种氧化物组成。其总和占熟料成分的 95% 以上，其中，CaO 占 62% ~ 67%，SiO_2 占 20% ~24%，Al_2O_3 占 4% ~7%，Fe_2O_3 占 2% ~6%）的化学成分中含有相同的化合物，如都含有氧化钙，因此不管用什么清洗剂都会对大理石的表面产生影响，大理石的早期白华可用擦洗的方法去除，而大理石的二次白华和已经固结的水泥残渣一般只能用磨抛的办法解决，因为 $Ca(OH)_2$、NaOH、CO_2、SO_2 等都对大理石的表面有腐蚀作用，所以当大理石已形成二次白华时，石材的表面大多已经遭到破坏。

(4)石材上的白华清理干净以后，先用填缝剂对所有缝隙(拼接缝)进行密封处理，然后再用优质养护剂对石材的表面和缝隙进行防护处理，以杜绝白华再次发生。

下面介绍两个白华治理典型案例分析。

烧毛面花岗石板材的白华清除和防护处理：

(1)病变情况：石材在安装施工前未作防护处理，湿贴安装施工半年后石材表面出现大面积的白华，如图 3-34 所示。

(2)治理材料：①石材强力清洗剂。②石材底面防护剂。③石材油性防护剂。

(3)施工方法：①在非石材及石材的非处理部位做好保护。②用硬毛刷将石材强力清洗剂涂刷在石材的待清洗表面上。③10 min 左右，用清水将石材表面冲洗干净并自然晾干。④在石材接缝的两侧贴上美纹纸胶带。⑤将石材底面防护剂和水泥按 1∶2调制成膏体状进行嵌缝处理(亦可用石材密封胶嵌缝)。⑥用软毛刷或低压喷雾器将石材油性防护剂均匀地刷涂或喷涂于石材的表面上，用量为 12 ~ 15 m^2/L，连续施工两次。

(4)治理效果：治理后效果见图 3-35。

图 3-34　烧毛面花岗石白华病变

图 3-35　烧毛面花岗石白华治理后效果

金碧辉煌大理石抛光板的白华清除和防护处理：

(1)病变情况：石材在安装施工前未作防护处理，采用白水泥湿贴施工后 10 d 左右石材表面出现大面积的白华，并开始出现表面剥落，尤其是石材的裂纹处更加明显和集中(如果用普通水泥安装石材，裂纹处可能呈现黑色)，如图 3-36 所示。

(2)治理材料：石材增光增艳防护剂。

(3)施工方法：因为形成白华的时间不长，尚未形成二次白华，因此很容易用擦拭的办法去除，用干的抹布将石材表面擦干净，再用水泥将石材的接缝密封后，用毛刷或软布将石材增光增艳防护剂涂于石材表面上，用量为 20 m^2/L 左右，保持 48 h(应在 24 h 以上)，让防护剂尽量渗入石材内部，再将石材表面反复擦拭干净。每隔一周左右再用石材增光增艳防护剂重复处理一次，处理 2 ~ 3 次后即可防止白华再次渗出。

(4)治理效果：治理后效果见图 3-37。

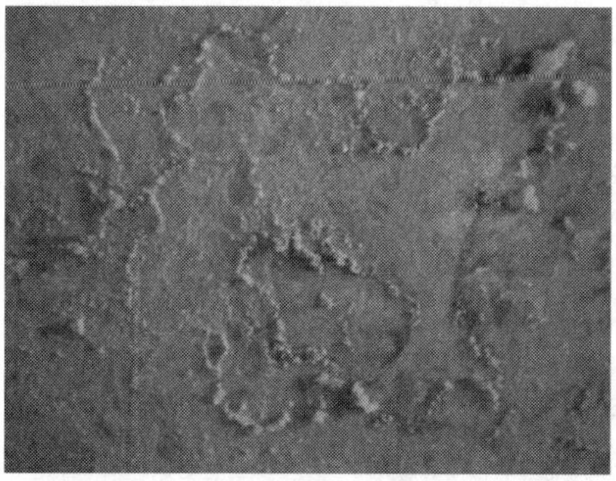

图 3-36　大理石白华病变

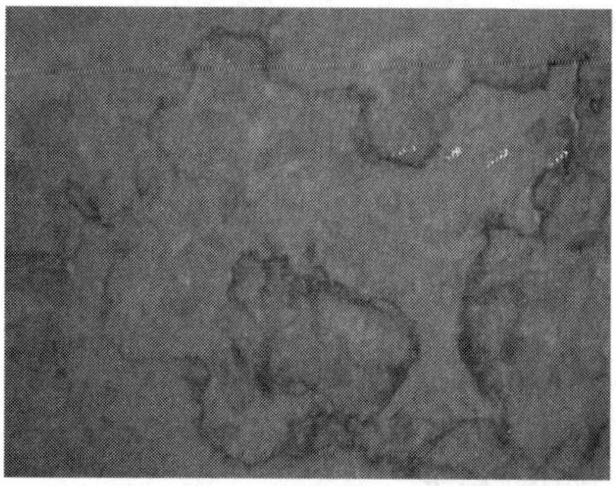

图 3-37　大理石白华病变治理后效果

三、石材锈斑病变的治理

石材锈斑病变的治理方法主要是采用专用的除锈剂来进行处理。在进行除锈处理时，应注意以下几点：

（1）不得采用单纯的酸性物质直接清洗石材锈斑，因为用单纯的酸性物质清洗石材锈斑只是一个简单的氧化还原和溶解过程，铁离子仍具不稳定性，很容易与空气中的水和氧再次发生氧化反应重新生成铁锈，并且会随着酸性水溶液的流动而进一步扩大锈斑的面积。这就是为什么采用单纯的酸性物质除锈时，锈斑会越除越多、越除越大的缘故。

（2）选用除锈剂时，一定要选用质量好的产品。因为好的除锈剂除酸的成分外，还加有适量的添加剂以保持氧化还原反应中铁离子的稳定性，这里的酸主要是起调节 pH 值的作用。采用这种除锈剂处理过的锈斑即使不作防护处理，也能保持很长时间不会复发。相反，有些除锈剂只是一些简单的酸或其混合液，不能保持氧化还原反应中铁离子的稳定性，复发率高。

（3）由于组成大理石和花岗石的成分不同，性质不一样。大理石的主要成分为碳酸钙，呈碱性；花岗石的主要成分为二氧化硅，呈酸性。石材除锈剂也分云石除锈剂和麻石除锈剂两种，所以使用除锈剂时，一定要分清大理石除锈剂和花岗石除锈剂，不得互换使用。

（4）表层锈斑的处理，只需用除锈剂在表面刷涂即可，有时也可采用表层磨抛的方法进行处理。深层锈斑的处理相对要复杂一些，需要保持一定的剂量和反应时间，有时还会需要重复使用才能达到理想的效果。

（5）石材在使用除锈剂施工后，建议再用清水清洗一遍，干燥后一定要用优质石材养护剂作好防护处理。目的在于彻底清除反应后的残留物，防止再次发生氧化反应。

锈斑治理典型案例分析如下。

山东白麻石材的清洗除锈：

（1）病变情况：石材在安装施工前未作防护处理，湿贴安装施工半年后石材表面出现大面积的点状和整体锈斑，如图 2-19 所示。

（2）治理材料：麻石清洗除锈剂。

（3）施工方法：①在非石材及石材的非清洗部位做好保护。②清理石材上的污物及表面浮尘。③将清洗除锈剂直接刷涂于石材的锈垢处。④待锈垢全部除尽后（需几分钟至数小时，视锈垢的具体情况而定，对石材的原生性铁质锈斑，如锈石，除锈时间相对会更长），再用清水刷洗干净。⑤若锈垢严重，一次除锈不尽，可反复除锈。

（4）治理效果：治理后效果见图 3-38。

图 3-38　山东白麻石材的锈斑病变治理后效果

四、风化病变的防治

要避免或延缓石材的风化过程，可选用优质的石材防护剂对石材进行防护处理。而石材一旦发生比较严重的风化，要想恢复原状则比较困难。

风化治理典型案例分析如下。

米黄大理石粉化剥落的治理：

（1）病变情况：光面米黄大理石矿物成分中盐碱含量较高，加之施工前未进行防护处理，干挂安装后与空气中的水分发生水解反应而膨胀，使用约 6 个月便出现严重的大面积粉化及片状剥落，如图 3-39 所示。

（2）治理材料：石材密封防护剂。

（3）施工方法：①在非石材部位做好保护。②彻底清除石材上的污物及已粉化松动的石面。③将防护剂直接刷涂于石材的表面。④如果石材粉化剥落严重，在第一次防护完全干燥（1 h 以上）后，可进行二次防护处理。

（4）治理效果：治理后效果见图 3-40。

图 3-39　米黄大理石粉化剥落

图 3-40　米黄大理石粉化剥落治理后效果

五、色素污染的治理

根据污染石材的色素不同，需用不同的清洗剂进行对症清洗。

（1）黏胶性色素污染可用除油除胶剂、清洗除胶剂、石材色素清除剂等单独或联合清洗。

（2）单纯的有机色素污染可用石材色素清除剂进行清洗。

（3）金属氧化物色素污染可用麻石清洗除锈剂或云石清洗除锈剂进行清洗。

色素污染治理典型案例分析如下。

(一)木屑黄色素污染石材的清除

1. *石材种类*

金碧辉煌大理石抛光板。

2. *病变情况*

木工在安装楼梯扶手时,将大量的木屑堆于石材上没有及时清理,受潮后在石材上留下严重的深黄色色斑,如图 3-41 所示。

3. *治理材料*

石材色素清除剂。

4. *施工方法*

(1)将石材色素清除剂直接涂刷于石材的色斑上。

(2)1 ~2 h 后被污染的颜色基本退尽。

5. *治理效果*

治理后效果见图 3-42。

图 3-41 木屑受潮后污染石材

图 3-42 木屑黄污染治理后效果

(二)有机颜料污染的清除

1. *石材种类*

贝沙金米黄大理石抛光板。

2. *病变情况*

有机颜料污染,如图 3-43 所示。

图 3-43 有机颜料污染石材

3. *处理材料*

(1)石材清洗除胶剂。

(2)石材色素清除剂。

4. *施工方法*

(1)将无纺布或餐巾纸盖在石材的污垢处,用石材清洗除胶剂充分润湿,再用软的塑料薄膜盖住,如图 3-44 所示。

(2)24 h 后揭去覆盖物,晾干后再用石材色素清除剂重复上述过程。

5. *治理效果*

治理后效果见图 3-45。

图 3-44　有机颜料污染清洗中效果

图 3-45　有机颜料污染治理后效果

六、胶粘剂污染的治理

（1）在石材表面形成的硬化物可使用刮刀刮除。

（2）对于附着的胶粘剂等可使用石材除油除胶剂进行清除。

（3）已渗入石材内部的污迹，可将无纺布或餐巾纸盖在石材的污垢处，用石材清洗除胶剂充分润湿，再用软的塑料薄膜盖住，四周用塑料胶带密封，24 h 后揭去覆盖物，若污迹未彻底除尽，再重复本步骤。

（4）石材上如果还留有色素斑，还必须用石材色素清除剂进行清洗，施工方法同步骤（3）。

胶粘剂污染治理典型案例分析如下。

（一）干挂胶污染的清除

1. 石材种类

珍珠花岗石抛光板。

2. 病变情况

石材干挂安装后，在每个干挂接触点周围都出现一片油性黄斑，取下石材后发现是由于石材背面干挂胶渗入石材引起的，如图 3-46 所示。

3. 治理材料

（1）石材清洗除胶剂。

（2）石材色素清除剂。

4. 施工方法

（1）在非石材及石材的非清洗部位做好保护。

（2）清理石材上的污物及表面浮尘。

（3）将无纺布或餐巾纸盖在石材的污垢处，用石材清洗除胶剂充分润湿，再用软的塑料薄膜盖住后用美纹胶带固定，24 h 后揭去覆盖物（此过程为除油）。

（4）将无纺布或餐巾纸盖在石材的污垢处，用石材色素清除剂充分润湿，再用软的塑料薄膜盖住后用美纹胶带固定，24 h 后揭去覆盖物（此过程为除黄）。

（5）若有必要，可重复以上操作过程。

5. 治理效果

治理后效果见图 3-47（左侧为原黄变石材，右侧为清洗后的效果）。

图 3-46　背面干挂胶渗入污染石材

图 3-47　干挂胶污染治理后效果

6. 注意事项

若石材干挂安装后出现石材胶引起的黄变，可等待一段时间，让其油性溶剂尽量自然干燥后再进行除黄清洗，这样可省去施工除油过程。

（二）编码标签不干胶污染的清除

1. 石材种类

木化石抛光板。

2. 病变情况

石材在排板切板后，为了在安装施工时不会将花纹搞乱，石材切板人员在每块石材边角上贴了一张编码标签，石材安装施工结束后，揭去标签，却在每块石材上留下了一片标签大小的明显胶印，如图 3-48 所示。

3. 治理材料

（1）石材除油除胶剂。

（2）石材清洗除胶剂。

4. 施工方法

（1）在非石材及石材的非清洗部位做好保护。

（2）清理石材上的污物及表面浮尘。

（3）将石材除油除胶剂充分摇匀，用白布或白色的餐巾纸蘸取石材除油除胶剂在石材的被污染处反复擦洗，直至标签胶痕消失。

（4）如果用石材除油除胶剂无法将标签胶痕彻底擦洗干净，可将无纺布或餐巾纸盖在石材的污垢处，用石材清洗除胶剂充分润湿，再用软的塑料薄膜盖住后用美纹胶带固定，24 h 后揭去覆盖物。

（5）若有必要，可重复以上操作过程。

5. 治理效果

治理后效果见图 3-49。

6. 注意事项

若要敷贴施工，只可用美纹胶带而不可用塑料胶带固定，以免塑料胶带再次污染石材。

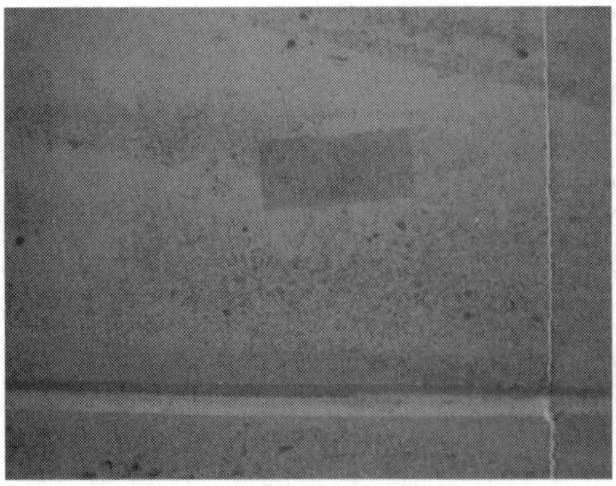

图 3-48　标签胶污染石材

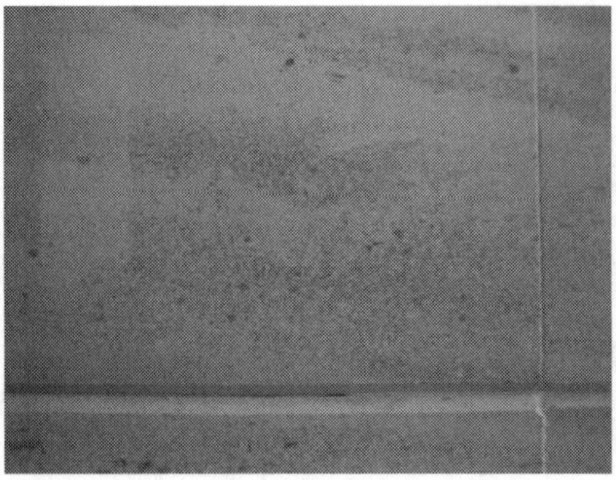

图 3-49　标签胶污染治理后效果

（三）清除法治理玻璃胶污染

1. 石材种类

603#花岗石抛光板。

2. 病变情况

某大楼室内钢质结构楼梯，安装石材时底面（背面）采用玻璃胶粘贴施工，约半个月后粘贴点石面渗出大量油斑，如图 3-50 所示。

3. 治理材料

（1）石材清洗除胶剂。

（2）石材色素清除剂。

4. 施工方法

（1）将无纺布或餐巾纸盖在石材的污垢处，用石材清洗除胶剂充分润湿，再用软的塑料薄膜盖住，四周用美纹胶带密封。

（2）保持 24 h 后揭去覆盖物，若污迹未彻底除尽，再重复步骤（1）。

（3）石材充分晾干后，检查污迹是否清除干净，若有局部颜色未清除干净，用石材色素清除剂重复步骤（1）。

（4）石材擦洗干净，自然晾干。

注意：

（1）本方法只适用于玻璃胶从石材正面污染的干挂石材或石材底面（背面）通风良好的石材。

（2）石材云石胶、干挂胶渗油污染亦可用以上方法进行清除。

（四）改色法治理玻璃胶污染

上述案例中，由于石材采用了大量的玻璃胶粘贴于钢板上，玻璃胶不能固化干燥，石材表面和内部的玻璃胶清除干净后，石材底面粘贴的玻璃胶一周之内又会重新渗到石材表面而无法彻底根除，经业主方同意后采取改色法重新治理。

1. 治理材料

（1）石材增光增艳防护剂。

（2）石材多功能清洗剂。

2. 施工方法

（1）用毛刷将石材增光增艳防护剂均匀地涂刷于石材上。

(2)自然养护 24 h 以上，让防护剂充分渗入石材。
(3)观察石材的颜色是否均匀，达不到要求，重复步骤(2)。
(4)用石材多功能清洗剂清除石材表面多余的防护剂。
(5)用拖把将石材表面擦洗干净。

3. 治理效果

治理后效果见图 3-51。

图 3-50 玻璃胶污染石材

图 3-51 玻璃胶污染改色治理后效果

(五)石材修补胶污染的清除

1. 石材种类

米黄洞石。

2. 病变情况

修补洞石时采用了劣质的修补胶而导致石材大面积发黄，如图 3-52 所示。

3. 治理材料

石材除油除胶剂。

4. 施工方法

(1)在非石材及石材的非清洗部位做好保护。
(2)清理石材上的污物及表面浮尘。
(3)将石材除油除胶剂充分摇匀，直接刷涂在石材的表面上。
(4)保持 10 min 左右，待污垢完全软化松动后，用清水将石材表面冲洗干净。
(5)若有必要，可重复以上操作过程。

5. 治理效果

治理后效果如图 3-53 所示。

(六)仿砂岩真石漆污染的清除

1. 石材种类

金线米黄大理石抛光板。

2. 病变情况

因墙面装饰采用仿砂岩真石漆，施工人员在进行墙面装饰施工时，将真石漆污染到了楼梯踏步的金线米黄大理石上，并已部分渗入到石材内部，加之施工人员已采用油漆稀释剂清洗，使其进一步渗入石材中，留下明显的斑痕，如图 3-54 所示。

图 3-52　修补胶污染引起石材变黄

图 3-53　修补胶污染治理后效果

3. 治理材料

(1)石材除油除胶剂。

(2)石材清洗除胶剂。

4. 施工方法

(1)在非石材及石材的非清洗部位做好保护。

(2)清理石材上的污物及表面浮尘。

(3)将石材除油除胶剂充分摇匀,直接刷涂于石材表面的被污染处。

(4)保持 10 min 左右,待污垢完全软化松动后,用铲刀将石材表面清理干净。

(5)石材晾干后,将无纺布或餐巾纸盖在石材的污垢处,用石材清洗除胶剂充分润湿,再用软的塑料薄膜盖住,四周用美纹胶带密封,24 h 后揭去覆盖物。

(6)若有必要,可重复以上操作过程。

5. 治理效果

治理后效果如图 3-55 所示。

图 3-54　仿砂岩真石漆污染石材

图 3-55　仿砂岩真石漆污染石材治理后效果

6. 注意事项

若污染物为有色油漆,经以上步骤清洗后可能在石材内还留有部分颜色,还必须用石材色素清除剂进行清洗,方法同施工步骤(5)。

(七)油漆污染的清除

1. 石材种类

枫叶红花岗石火烧板。

2. 病变情况

油漆工在油漆木门时，不小心将大量的油漆泼到了石材上，如图 3-56 所示。

3. 治理材料

(1) 石材除油除胶剂。

(2) 石材清洗除胶剂。

4. 施工方法

(1) 先用石材除油除胶剂清除石材表面的残留油漆。

(2) 石材晾干后，将无纺布或餐巾纸盖在石材的污垢处，用石材清洗除胶剂充分润湿，再用软的塑料薄膜盖住，四周用塑料胶带密封，24 h 后揭去覆盖物，若污迹未彻底除尽，再重复本步骤。

5. 治理效果

治理后效果如图 3-57 所示。

图 3-56 油漆污染石材

图 3-57 油漆污染治理后效果

(八) 口香糖污染的清除

1. 治理材料

石材除油除胶剂。

2. 施工方法

(1) 在非石材及石材的非清洗部位做好保护。

(2) 清理石材上的污物及表面浮尘。

(3) 将石材除油除胶剂充分摇匀，直接刷涂于石材的污垢处。

(4) 保持 10 min 左右，待污垢完全软化松动后，用清水擦洗干净。

(5) 若有必要，可重复以上操作过程。

七、油斑和油污斑的治理

石材上的油斑有自动吸附和溶解灰尘的能力，进而形成油污斑。某些油污斑还含有炭化的有机物而形成黑污斑。由于石材微孔隙有很大的比表面积，石材对油污的吸附力和包裹作用相当强，因此很难清洗干净。

油斑和油污斑污染治理典型案例分析如下。

(1)石材种类：山东白麻花岗石抛光板。

(2)病变情况：某消防队车库中长期停放消防车，造成机油泄漏后污染了地面石材，如图 3-58 所示(局部)。

(3)治理材料：①石材多功能清洗剂。②石材清洗除胶剂。③石材色素清除剂。

(4)施工方法：①用布擦去或用工具铲去石材表面的油渍。②用石材多功能清洗剂将石材表面的残留油迹擦洗干净，如图 3-59 所示。③石材晾干后，将无纺布或餐巾纸盖在石材的污垢处，用石材清洗除胶剂充分润湿，再用软的塑料薄膜盖住，四周用美纹胶带密封，如图 3-60 所示。④24 h 后揭去覆盖物，若污迹未彻底除尽，再重复步骤③。⑤若石材上还有色素污染，则用石材色素清除剂重复步骤③。

(5)治理效果：治理后效果如图 3-61 所示。

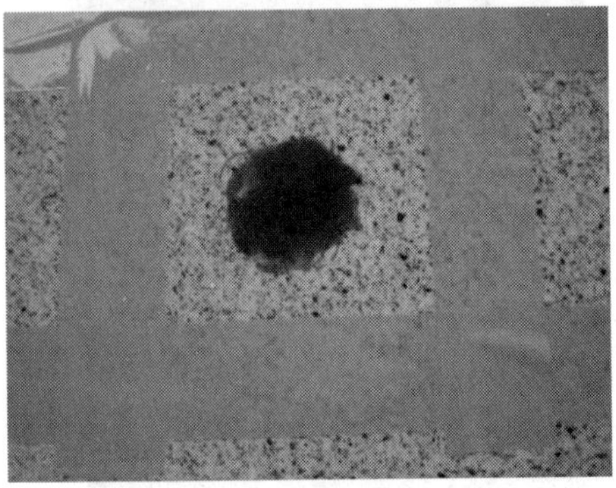

图 3-58　汽车机油污染石材

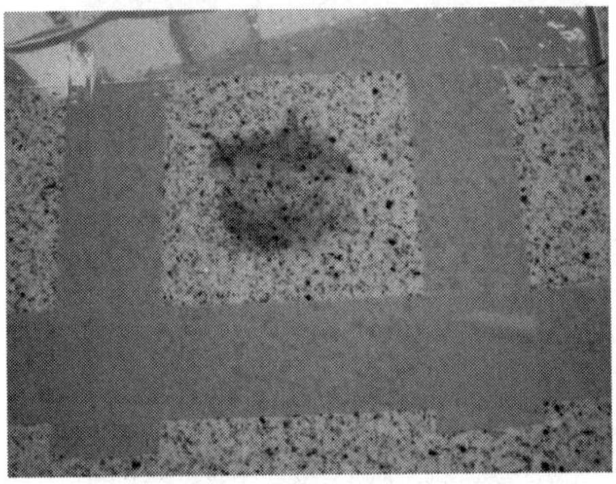

图 3-59　油迹擦除后效果

图 3-60　油迹清洗中效果

图 3-61　汽车机油污染治理后效果

八、石材表面腐蚀的治理

对石材腐蚀的治理主要根据石材饰面的具体情况而定：对于光面石材，一般采用清洗、增光处理或磨抛翻新的方法进行处理；对于毛面石材，可以根据石材的不同纹理采用清洗、修复或用火烧、喷砂、凿击等工艺重新施工。施工后一定要用防护剂作好防护处理。

（一）光面大理石表面腐蚀的治理

1. 病变情况

大理石酒吧台面被食用醋和红酒腐蚀，如图 3-62 所示。

2. 治理材料

石材增光增艳防护剂。

3. 施工方法

（1）清理石材上的污物及表面浮尘。

（2）用抹布将石材增光增艳防护剂均匀地涂抹在石材上。

（3）自然养护 24 h 以上，让防护剂充分渗入石材（时间越长，效果越佳，若时间允许，可自然养护一周以上）。

（4）擦去石材表面的污物及浮尘。

（5）若有必要，重复步骤（3）、（4）。

4. 治理效果

治理后效果见图 3-63。

图 3-62 大理石表面被食用醋和红酒腐蚀

图 3-63 大理石表面被食用醋和红酒腐蚀治理后效果

（二）光面花岗石表面腐蚀的治理

1. 病变情况

枫叶红花岗石光面板被外墙清洗剂腐蚀，见图 3-64 左侧部分。

2. 治理材料

石材增光增艳防护剂。

3. 施工方法

（1）清理石材上的污物及表面浮尘。

（2）用抹布将石材增光增艳防护剂均匀地涂抹在石材上。

（3）自然养护 24 h 以上，让防护剂充分渗入石材（时间越长，效果越佳，若时间允许，可自然养护一周以上）。

（4）擦去石材表面的污物及浮尘。

（5）若有必要，重复步骤（3）、（4）。

图 3-64 花岗石表面被腐蚀的治理对比效果

4.治理效果

治理后效果见图3-64右侧部分。

第七节　石材病变的预防

石材是一种高档的装饰材料,如果使用和维护不当,很容易出现各种影响装饰效果甚至破坏自身材质的病变,而石材一旦发生病变,要想彻底治理往往比较困难,但完全有办法避免,最好的办法是以防为主,防患于未然。

一、石材水斑病变的预防

(1)在安装施工前使用专用防护剂对石材进行防护处理,特别是石材的底面防护。

(2)采用优质低碱水泥,降低碱质的含量($Ca(OH)_2$、NaOH、KOH的含量小于0.6%)。

(3)石材湿贴安装施工时应尽量减少水泥砂浆中水分的含量和砂浆的用量,即可使用半干水泥砂浆。

(4)尽量采用石材底面刮浆法而避免采用在半干砂浆基底上泼浆的方式粘贴石材。

(5)石材安装时应设计和预留适当的水汽通道,安装后应先保持石材拼缝内空畅,待石底的水泥砂浆强化和干燥后再进行嵌缝处理。

(6)湿法粘贴安装的石材应避免被雨淋湿或水洗受潮(特别是刚安装后的2~3周内应绝对禁止)。

二、白华及水泥残渣的预防

(1)采用干挂安装施工,避免用水泥湿贴。

(2)湿贴安装的石材必须选用优质防护剂进行六面防护处理。

(3)尽量采用低碱水泥进行施工。

(4)湿贴安装石材的接缝必须密封处理。

(5)若水泥砂浆污染了石材,则在其硬化前应及时清理。

(6)防止石材被雨淋或受潮。

(7)切断与石材相连的水源。

三、石材锈斑病变的预防

(1)不使用非专用的清洗剂清洗石材。

(2)不让石材直接接触水源和有腐蚀性的环境。

(3)避免外部铁质污染。

(4)选用优质的防护剂对石材进行六面防护处理。

(5)如果为湿贴施工,尽量避免采用高碱水泥安装石材,降低水泥中碱质与石材中铁质发生反应的机会。

(6)尽量减少施工时水的使用量。

(7)对含铁量较高的石材品种,建议采用干挂法进行施工,尽量避免湿贴施工法。

四、石材风化病变的预防

(1)加强环保意识，严格控制工业“三废”的高标排放，并进行有效处理，减少酸雨的形成。

(2)选用优质的防护剂对石材进行六面防护处理。

(3)在清洗处理石材病变时，一定要慎重并“对症用药”，不使用非专用的清洗剂清洗石材。

(4)在石材周围避免攀附植物的种植，保持石材干燥。

第八节　石质文物的清洗

石材在我国建筑上的应用，可以追溯到 3 000 年以前，在许多佛塔、宫殿、墓室、碑刻、桥梁等方面都大量使用了石材，现存石质文物量非常巨大，从北魏的石碑到我国的四大石窟，从五代时期的石塔到隋代的赵州桥，从卢沟桥到北京故宫建筑群，都可以显现出石质文物的历史留存久远。

石质文物由于其特殊的历史价值和不可再生性，在它的保护上一直受到人们的重点关注。在石质文物的防护和清洗方面，国内外的科技工作者都进行了一些探索性的工作和研究，总结和产生了一些经验和方法。

一、石质文物的病变特点

(1)石质文物由于存在的时间久远，受到人为污染、战争损害、雨水侵蚀、环境污染、烟火熏烤等因素的影响，其表面和内部都会产生一定量及一定深度的损伤，这是与我们现代装饰石材病变的最大不同。装饰石材由于使用时间较短，虽然污染也较为复杂，但其污染、病变、损伤一般都体现在石材表面。

(2)石质文物由于存在时间较长，其表面矿物成分与空气中化学元素发生反应，形成新的物质。

2006 年，北京太庙汉白玉栏杆需要进行清洗保护施工，在提取汉白玉石材表面污染物进行电子显微镜观察时，发现了 $CaSO_4$ 晶体，而科技人员对现代的汉白玉石材的矿物成分进行分析时，并没有发现汉白玉石材中存有 $CaSO_4$ 成分。经科技人员分析，是空气中的 SO_3 气体与空气中的水汽结合产生硫酸，也就是我们俗称的酸雨，酸雨与汉白玉石材中的 $CaCO_3$ 发生反应产生了新物质 $CaSO_4$，其化学反应过程为：

$$SO_3 + H_2O \rightarrow H_2SO_4$$

$$H_2SO_4 + CaCO_3 \rightarrow CaSO_4 + H_2O + CO_2\uparrow$$

(3)石质文物的表面风化程度及深度与现代装饰石材也有非常大的不同。石质文物的风化既有物理风化也有化学风化，它几乎包含了现代装饰石材所有的风化特性。由于其风化期长远，各种风化元素长期作用于文物表面，有些文物已经面目全非了，如山西云冈石窟一些洞外石刻。

(4)我们国家的石质文物病变也存在着南北不同，我国北方干燥，冬季室外温度为 -10 ~ -30 ℃，因此冻融对石质文物伤害极大。南方湿润，各类菌类、苔藓植物长期附着于石质文物表面生长、生存,缩短石质文物的寿命,它们分泌、分解及死亡后形成的酸性腐蚀物对石质文物的伤害极大。

(5)石质文物在长期的自然环境下,表面形成可溶性盐及难溶性硬壳,这些物质严重地影响到石质文物的历史价值及美学价值。

二、石质文物的清洗原则

石质文物的历史性及文物价值决定了它的清洗不同于现代装饰石材及石质艺术品。石质文物表面所形成的污垢、风化及沧桑感,在一定程度上反映了其本身所具有的久远历史,"尊重历史,保持原状,修旧如旧"是现阶段石质文物清洗的原则。

"尊重历史,保持原状"是要求我们在不断深入理解先人创造文物的思想时,尊重他们的创造,维护他们创造的成果。

古希腊著名石质艺术品"大卫",断掉的左臂,在不理解、不了解原创人员创作意图时,任何修复它的举动都是徒劳的。

1992 年,在北京卢沟桥进行保护时,对桥上的石狮子进行了有机硅防护,几年后石狮子表层石质脱落,使其历史价值受到了影响。这其中主要原因是对石狮子表层风化层没有进行深入的科学分析和检验。有机硅防护剂渗入深度没有透过风化层到达未风化层,反而将一部分风化层石材提高了强度,形成一层硬壳,这层硬壳在外力的冲击下破损脱落。这是对石质文物物理特性不了解造成的失误。

"修旧如旧"是体现石质文物历史时间感、沧桑感。如果将一个石质文物重新打磨雕刻,将会完全丧失其文物价值,因此"修旧如旧"是体现文物价值的一个重要原则。

三、石质文物的清洗

石质文物清洗应尽量使用物理方法进行操作。化学清洗少用或最好不用,结合物理化学综合清洗的方法,在进行充分科学试验和论证的情况下可以使用。总之,对文物的二次损伤是应当全力避免的。

针对石质文物病变特点,可以选择不同的清洗施工方法。目前,常用的石质文物清洗方法有吸附脱盐清洗、化学清洗,蒸汽喷射清洗、粒子喷射清洗、激光清洗等。当然,这些技术从方法上还可分为化学清洗和物理清洗,从施工状态上可分为湿法清洗和干法清洗,从清洗所使用的介质上可分为液体清洗、粒子清洗和激光清洗。

(一)吸附脱盐清洗技术

由于盐结晶是危害文物表层岩石结构的最大破坏因素之一,国内外文物保护工作者已经作过大量的岩石表面脱盐研究。吸附脱盐一般都是采用吸附材料,如干净洁白吸水性的纸张、脱脂棉、纱布等吸附物质。石材表面喷水,用水做溶剂,溶解石材微孔中的可溶性盐类。随着水分向石材表面的蒸发,盐溶液也随水分向石材表面迁移,达到石材表面后可溶性盐被吸附物所吸附。石质文物的脱盐过程经常需要十几次,甚至几十次。因此,优良的吸附材料是脱盐工作的关键所在。

由于重大石质文物保护工程几乎都需要脱盐工序,该技术看似简单,但作用重要,因此还应进行深入的机理研究。例如,从岩石微结构、介质溶解和迁移速率、吸附材料、外环境控制等方面综合考察,以提高效率为目标,得到更佳的吸附脱盐清洗技术。

（二）化学清洗技术

化学清洗是采用现代装饰石材病变清洗产品或经过改进的产品用于清洗渗入石质文物内部的污染，这种化学清洗一般不大量使用。化学清洗剂能够渗入岩石微孔隙，清除特定的污垢和污染物。化学清洗的优点是具有高度的选择性。现代化学清洗用药量和用水（或溶剂）量都很少，对石雕表面微结构的破坏性也小。化学清洗技术的关键是选择合适的化学清洗剂，因为某些化学品有可能引发文物严重的破坏，例如腐蚀性破坏、盐结晶破坏或表面残留物泛黄等。目前，化学清洗最大的困难是难以判别残留物对文物的远期影响，另一个问题是容易造成环境污染。

（三）蒸汽喷射清洗技术

水蒸气喷射是近几十年来国际上广泛应用于建筑物石质外墙清洗的很有效的清洗技术，也是最环保的清洗方法之一。尽管属于湿法清洗，但它没有低压喷水清洗的水浸泡引起黏结部位泥灰溶胀、可溶盐迁移和微生物繁殖的危害问题，因为很快就干了；也没有高压喷水清洗容易造成脆弱石雕边角部位脱落的危险，因为冲击力很小。它对常见的灰尘水垢和生物性污染物很有效。

目前，国内蒸汽喷射清洗机械已有批量生产，经过在上海外滩建筑物的石质、砖质外墙等许多清洗工程中的实际应用，蒸汽喷射清洗的效果良好。上海外滩有一批 19 世纪末期和 20 世纪初期建造的高层建筑，由于地处黄浦江边，空气湿度较大，石质外墙及砖质雕刻文物风化较重，有些部分还在“文化大革命”时期被油漆或涂料所覆盖。使用蒸汽喷射清洗机械能够有效地清除这些污染。但用于表面已风化的石质文物，是否会因为蒸汽的高温而造成岩石内外热胀不均，从而导致应力破坏，还需要进行深入研究。

（四）粒子喷射清洗技术

粒子喷射属于干法清洗，它有许多优点，例如，便于大面积施工，没有化学品危害问题，也没有水冲击破坏和潮湿危害问题。以往使用的用粗糙石英沙在气流压力（一般为 106 Pa）下喷沙摩擦的方法在工业发达国家已经逐步被淘汰，因为这种喷沙方法会严重磨损石质文物的表层，特别是一些棱角部位。现代粒子（直径 0.1 ~ 0.5 mm）或微粒子（直径 0.05 ~ 0.1 mm）喷射清洗采用的气流压力为 2×10^5 Pa 左右。尽管气流压力小了许多，但是精心设计的各种喷嘴能够使粒子很好地清洗石雕的各个细微部位。粒子材料的种类也大为拓宽，有石英粉、刚玉粉、方解石粉、玻璃微珠、鼓风炉渣粒、塑料粒子等。操作过程产生的飘尘可以用真空吸尘器吸掉，粒子可以自动回收和循环使用。一般来说，硬度高和边角锐利的粒子易磨平表面，而较软和较光滑的粒子的清垢效率较低。因此，粒子的种类、大小和气流压力等必须根据被清洗石质文物的石料、部位和污垢等具体情况精心选择，以保证既要达到清洗目的又不对文物造成伤害。另外，喷枪喷嘴的好坏也是影响清洗质量的重要因素。粒子喷射技术的最大优势是用于清除大面积的不溶性硬垢层时，去除的量和厚度可以人为控制。

国内应用进口高压粒子喷射清洗设备进行的石质文物外墙清洗已经有多次成功施工应用。2006 年在长春人民银行石质外墙、2007 年在上海中国银行石质外墙和上海长路大厦石质外墙进行的清洗施工中使用了德国生产的高压粒子喷射清洗设备，施工后经过几年的观察，施工效果令人比较满意。

高压粒子喷射清洗设备清洗施工时的工作压力是可以调节的，清洗施工时的工作压力应根据被清洗石质的抗压强度、风化情况、表面是否雕刻等情况进行调整。如在上海长路大厦进行施工时,外墙石材是花岗石,石材表面风化较少,石材表面的主要病变为污染较重,石材颜色发黑。在使用高压粒子喷射清洗设备清洗施工时的工作压力为 30~35 MPa,表面污染清除量为60%~70%。保留一部分污染主要是为了留下这个建筑的历史感及沧桑感。这也是石质文物"修旧如旧"的体现原则。

高压粒子喷射清洗设备的粒子喷射量通过变换喷嘴的大小也是可以调整的。粒子喷射量的多少是根据清洗工作面的大小、清洗物体表面棱角变化来调整的。

(五)激光清洗技术

近年来,随着对清洗精确度的要求越来越高,以及人类环境保护意识的提高,用激光技术清洗石质文物的报道在发达国家已经很常见。激光清洗主要利用激光束来清除岩石表面的附着物,它省力、节水、安全可靠、适用面广、易于自动控制,特别对于精细的石雕,激光清洗的优势是许多传统清洗工艺无法比拟的。

激光清洗的原理主要如下:

(1)光脉冲的振动,即利用较高频率的脉冲激光冲击被清洗物的表面,光束转变为声波并从下层硬表面返回,与入射波发生干涉,从而产生共振使污垢层或凝结物振动碎裂。

(2)粒子的热膨胀,即利用基底物质与表面污物对某一波长激光能量吸收系数的差别,使污垢多吸收能量而热膨胀,克服基底对污垢粒子的吸附力而脱落。

(3)分子的光分解或相变,即在瞬间使污垢分子或使人为涂上的辅助液膜汽化、分解、蒸发或爆沸,使表面污垢松散并随微冲击作用而脱离基底表面。具体应用方式、激光波长范围、脉冲频率、功率大小,以及是否需辅助涂覆水与乙醇等液膜都要根据文物与污垢的实际情况经过试验确定。

在国际上,激光清洗已经成为一项比较成熟的石质文物的清洗技术。1992 年 9 月,人们开始为期一年的亚眠大教堂西侧圣母门修复工程。这个文物是联合国教科文世界文化遗产组织为纪念圣母门被收入该组织20周年纪念活动的主角,借此机会,修复者首次使用激光清洗法,用激光除垢法消除覆盖在石头花纹上几毫米厚的黑色表层。

用激光清洗石头是个很老的想法。用于亚眠大教堂圣母门的样机是在意大利 BM 公司历史古迹研究实验室微生物部门负责人 G. Orial 的领导下,科技人员经过 5 年的时间研制成功的。

在我国,不论在石材工业领域还是在石质文物保护领域,运用激光技术清洗石质材料上污垢的工作还几乎是空白,其主要原因是激光设备价格昂贵。

四、石质文物清洗效果的测试技术

为了确保石质文物清洗工程的无损性,准确评价清洗效果,国际上越来越多地使用先进的科学手段来检验和判定清洗前后文物本体的变化,用仪器的定量数据来表达检测结果和评价优劣,以避免不确定因素和人为因素的干扰。

(一)常用的测试仪器、方法和检测内容

色度仪:测定表面颜色的变化。

光度仪:测定表面粗糙度的变化。

显微镜:测定表面磨损率。

接触角和表面张力仪:测定以前保护残留物的去除率和降解率等。

吸附萃取和电化学法：检测可溶性盐离子的残留量。

毛细管法：测量毛细吸水率变化。

（二）检测的标准

在国际上，已有一些关于清洗剂、清洗操作和效果检测的标准，例如《石材、水泥、灰泥表面清洗技术选择标准》（ASTME 1857—97（2004））、《建筑物维修天然石材，砖块，陶瓦的清洗操作规范》（BS 6270—1BS 8221—1）、《评定清洗剂效果的标准试验方法》（ASTMG 122—1996）、《洗涤清洗剂和消毒剂评价的标准试验方法》（ASTME 2274—2003）。

目前，文物检测和评价指标的范围越来越宽，基本上要涵盖本体和环境、外观和结构、近期和远期等方面。

在国内，浙江大学石材研究室曾针对装饰石材清洗效果的检测和评价作过一些研究。在文物保护领域，西安文物保护修复中心编写的馆藏石质文物保护修复方案编写规范中有部分内容涉及清洗效果的评价方法。随着定量化的仪器检测方法逐步被国内各大文物保护单位和研究机构采用，结合我国大型石质文物清洗的实际，制定我国石质文物清洗和清洗效果检测规范已是当务之急，当然这也是我国文物保护事业不可缺少的基础建设。

五、石质文物清洗方法的应用及发展前景

（1）在石质文物清洗工作中，吸附脱盐清洗技术是常用的方法。尽管国内已经做过大量研究工作，但是可溶性盐的破坏仍然是大型石质文物最普遍和危害最大的问题。应该总结经验，更科学地发展该项技术。

（2）对于大型石质文物表面的一些小面积的特种污染物，例如锈斑、油污斑、动植物和微生物的繁殖及糜烂后遗留的印迹等，化学清洗仍然是最便捷、最有效和对岩石表面微结构直接破坏最小的方法。因此，发展清洗效果更好、对文物本体副作用更小、对环境更友好的化学清洗剂和清除工艺仍然是不可缺少的研究方向。

（3）对于大面积的灰尘沉积物和微生物等软垢层，蒸汽喷射是效率较高、环保性好、设备投资相对较低的清洗方法。因此，研究能够用于石质文物表面清洗且无热应力破坏的蒸汽喷射清洗技术是值得发展的方向。

（4）对于大面积难溶性硬垢层和以前保护修复处理的残留物等，粒子喷射是效率较高、适应面较广的清洗方法。若能提高国产粒子喷射机械质量，或者先从引进技术设备入手，都对国内石质文物和古建筑外立面清洗技术的发展有重要促进作用。

（5）对于结构精细而自身强度又很脆弱的石雕表面的黑色污垢层，激光清洗应该是最安全、最环保的清洗方法。尽管受设备限制，但我国作为文物大国，可以从引进国外先进技术获取经验，这对我国文物保护技术的发展和带动国内激光清洗机械的研制应该具有重要的意义。

在广大科技工作者的努力下，石质文物的清洗技术发展到现在，已经有了一定的理论基础和实践经验，特别是在借助先进的检测仪器及施工设备方面有了较大的发展，但对石质文物病变的充分认识、了解和科学治理还有很长的路要走，石质文物的清洗是一个任重而道远的艰巨任务，还需要我们广大的科技工作者付出更大的努力。

第四章　石材着色与色差处理

第一节　石材着色的意义及发展历程

石材之所以能用来做建筑装饰材料，很大程度上是利用其优异的物理性质，特别是颜色，饰面石材的优劣贵贱，价格高低，可以说颜色起着决定性的作用，由于颜色在装饰石材评价中的重要地位和珍贵色彩的石材日益减少，为提高装饰石材的档次，石材着色技术就引起了人们极大的关注。

利用天然石材进行人工着色，既可使石材制品更加丰富多彩，又可避免因色差问题造成的石材浪费，从而大幅度降低生产成本，甚至将石材废品变为合格产品，以发挥更大的经济效益和社会效益。

石材着色技术的发展，已有近40年的历史，国外起步相对较早，但大多以服装业所用的有机染料为研究对象，因此普遍存在色牢度不够、耐水性及耐紫外线性能差等缺陷。

早在1969年，美国的克里门斯开始对大理石、花岗石及水生动物壳体的着色进行研究。1970年，他发现可以用还原染料和偶氮染料着色，并于1984年和1988年对他的着色技术进行过改进和完善，先后采用氧化色基、醋酸和烷基苯磺酸以及金属络合染料等进行试验研究，取得了一定的效果。

日本对石材着色技术的研究开始于20世纪80年代初，先后有平识丰(1982)、佐野惠(1986)、大石泰(1987)等用不同的染料进行过石材着色研究。

1985年，法国的巴巴索采用带色的聚合物树脂对石材进行着色处理。1987年，韩国的朴玉赫发明了高温着色法，通过渗入和高温分解金属盐的方法使石材着色。此外，德国、瑞士、巴西及苏联等国对天然石材着色工艺的研究也取得了一些成果，方法均与前述大同小异。

我国对石材着色技术的研究起步于20世纪90年代初，1990年，国家建材局苏州非金属矿工业设计研究院石材研究所在国内开始从事“天然石材着色技术”的研究，1992年正式立项“石材养护技术的研究”(“天然石材着色技术”为其子项)，同年石材着色技术产品开始投放国内市场，以后逐步有部分产品通过各种渠道出口到新加坡、马来西亚、美国、日本、加拿大、韩国、印度等国家，以及香港、台湾地区。“天然石材着色技术”于1996年被列为国家建筑材料工业“八五”科技成果，1997年被列为国家“九五”建材工业科技成果推广项目，2000年被作为“FQS石材养护技术(防护、清洗、着色)”的子项通过了国家部级科技成果鉴定，2002年荣获江苏省科学技术进步奖。

到了20世纪90年代中后期，国内石材着色技术产业开始迅速崛起，如浙江大学、咸阳非矿研究所等也有相应的技术和产品投放市场。通过技术转让和着色剂产品的销售，至今已经形成了一定规模的产业群体。

第二节　色彩的基本知识

一、颜色的本质

颜色是人视觉的基本特征之一，不同波长的可见光引起人目不同的颜色感觉。色光（发光物体）的颜色，由它所发出的光内所含不同波长单色光的比例而定，称为“光色”。颜料（非发光物体）的颜色主要取决于它对外来照射光的吸收和反射，一束白光投射到某物体上，如红光、绿光被吸收，则该物体显出蓝色。一个对照射白光能完全反射的物体称为“白体”，而完全吸收照射光的物体称为“黑体”（绝对黑体）。

光是一种电磁波，由一系列不同波长的波组成。人眼所能见到的白光，其波长介于 390 ~ 770 nm（红 770 ~ 622 nm，橙 622 ~ 597 nm，黄 597 ~ 577 nm，绿 577 ~ 492 nm，蓝—靛 492 ~ 455 nm，紫 455 ~ 390 nm），770 nm 以上的为红外光，390 nm 以下的为紫外光，两者都是人眼感觉不到的，但可通过仪器见到，如用红外光仪可在夜间寻找目标。我们人眼所能见到的白光，是由红、橙、黄、绿、蓝、靛、紫七色光混合组成的，并且有不同的波长，如波长 650 nm 为红光，这叫单色光。这几种光之间呈连续过渡关系。不同波长的光可以混合成其他的光，这叫混合光。

二、色彩的属性、色性及色调

（一）色彩的属性

色彩有三种属性，即色相、明度、纯度，也称为色彩三要素。

1. 色相

色相指色彩的相貌，是一种色彩区别于其他色彩的特征。大自然中千差万别的物体都有各自不同的色彩相貌和名称，如柠檬是黄色的、海水是蓝色的、番茄是红色的等。色相是区别不同色彩最基本的要素。

2. 明度

明度指色彩的亮度，即明暗程度。不同的颜色具有不同的明度，其中黄色明度最高，紫色明度最低，绿、红、蓝、橙的明度相近，为中间明度，例如黄色就比蓝色的明度高（见图 4-1）。另外，任何色彩都存在明暗变化，在同一色调的色彩中，明度还存在深浅的变化，在一种颜色中加入白色或黑色，明度就会提高或降低（见图 4-2、图 4-3），如绿色中由浅到深有粉绿、淡绿、翠绿、墨绿等明度变化，粉绿明度最高，墨绿明度最低（见图 4-4）。

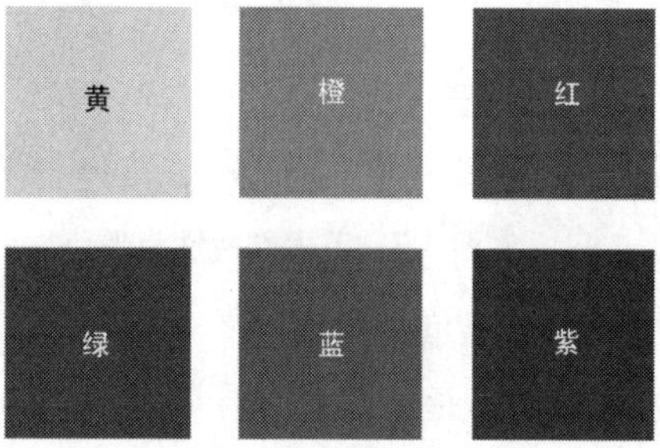

图 4-1　不同色彩的明度

3. 纯度

纯度又叫饱和度或鲜艳度，是指色彩的单一程度，色彩越单一纯度越高（见图 4-5）。如果在一种颜色中加入另一种颜色就会降低其纯度，加入不同的颜色越多，纯度也就越低（见图 4-6）。在一个大红色里逐步添加白色或者黑色，这个大红色就会变得不如以前那么艳丽了,这是因为它的纯度下降了。如果在黄色中加入湖蓝,颜色变绿偏灰纯度就降低,若再加入红色,颜色会变得更灰暗,纯度比黄色降低很多。

图 4-2　红 + 白 色彩明度提高

图 4-3　红 + 黑 色彩明度降低

图 4-4　绿色的明度变化

图 4-5　单一色彩纯度高

图 4-6　混和色彩纯度低

根据色彩纯度的特征,自然界的色彩可以分为两大类:一类是有彩色,即红、黄、蓝等;另一类是无彩色,即黑、白、灰。无彩色不带任何色彩倾向,纯度为 0。在纯度色谱中,接近纯色的色彩叫高纯度色,接近灰色的色彩叫低纯度色,处于中间状态的叫中纯度色。

(二)色性

色性是指色彩所产生的冷暖倾向给人在心理感觉上的联想。把黄、橙、红等给人以阳光、烈火等联想的颜色称为暖色(见图 4-7),把蓝、紫、绿等能给人以冰雪、海水等联想的颜色称为冷色(见图 4-8)。

图 4-7　黄橙红色性为暖色

图 4-8　蓝紫绿色性为冷色

(三)色调

色调不是指颜色的性质,而是对一件物品(如石材)的整体颜色评价。一件物品虽然有多种颜色,但总体有一种倾向,是偏蓝或偏红,是偏暖或偏冷等。这种颜色上的倾向就是一件物品的色调。通常可以从色相、明度、冷暖、纯度四个方面来定义一件物品的色调。

一件物品有明确的色调:红调子是从色相的角度来说的,稍暗的调子是从明度的角度来说的,暖调子是从冷暖的角度来说的,灰调子是从纯度的角度来说的。色调是指整体的颜色趋势,而不是纠缠于其中的细节。如印度红石材整体为红色,其中有部分无色的石英和黑色的云母,我们就说印度红石材是红色调的。

通过着色的方法消除石材的色差,就是利用着色剂来统一石材的整体色调,因为我们无法改变石材的花纹和晶体结构。

三、颜色的调配和使用

(一)三原色

颜色最基本色为“三原色”,亦称“三基色”。但三原色有色光(发光物体)的三原色和颜料(非发光物体)的三原色,色光的三原色为红、绿、蓝,颜料的三原色则为红、黄、蓝。三原色按不同的比例相混合可以产生一切颜色,但色光三原色的混合和颜料三原色的混合却完全不同,色光混合时亮度增强,故又称“加色三原色”,如将色光红、绿、蓝三原色相混合,则成为最明亮的白色光,如图 4-9 所示,我们看到的彩色电视节目即是通过红、绿、蓝三束光混合出的丰富色彩画面。颜料三原色按不同比例混合后,因对各种色光吸收和反射的程度不同,可合成各种色彩,由于色料混合时亮度递减(全部色光吸收后呈黑色),故也称“减色三原色”,如将颜料红、黄、蓝三原色相混合则成最暗的黑色,如图 4-10 所示(理论上如此,但实际的情况可能达不到黑色的程度,所以在彩色印刷时除用红、黄、蓝三原色版外,还须再加一套黑色版,石材着色也是同样的道理)。

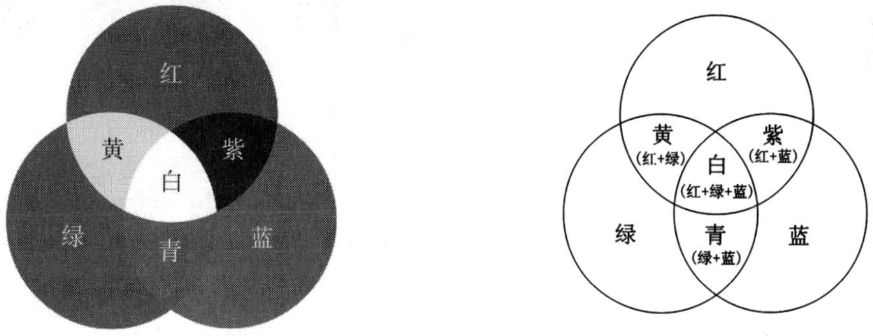

(a) (b)

图 4-9 色光三原色

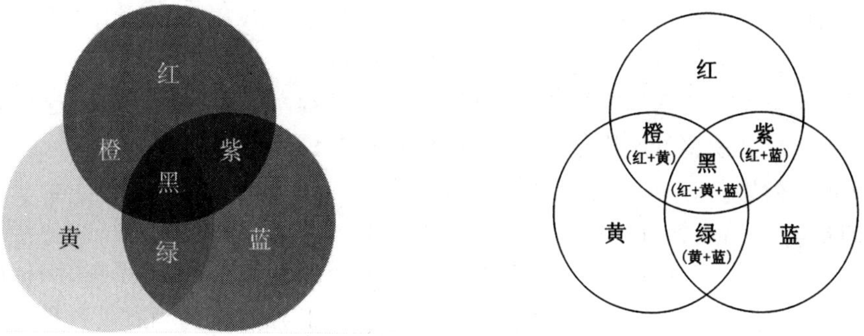

(a) (b)

图 4-10 颜料三原色

石材或石材着色剂均为非发光物体，所以除特别说明外，我们所说的颜色都是指颜料色，而非光源色。

（二）补色

在色光三原色中，红与青、绿与紫、蓝与黄三对颜色分别相加同为白色，而在颜料三原色中，红与绿、黄与紫、蓝与橙三对颜色分别相加则同为黑色，称为互补色（见图 4-11）。

（三）间色

由两种原色相混合所得到的颜色为间色，亦称为第二次色。从图 4-10 的颜料三原色中可以看出，红 + 黄 = 橙，黄 + 蓝 = 绿，红 + 蓝 = 紫。如果两种原色相混合时比例不同，就会产生许多不同的间色色相（见图 4-12）。

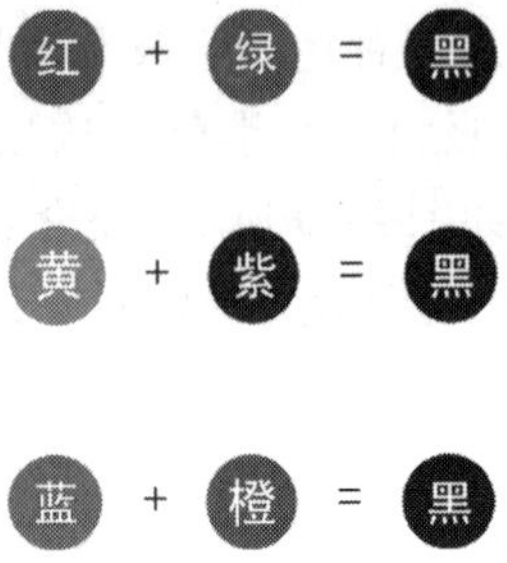

图 4-11　颜料的补色

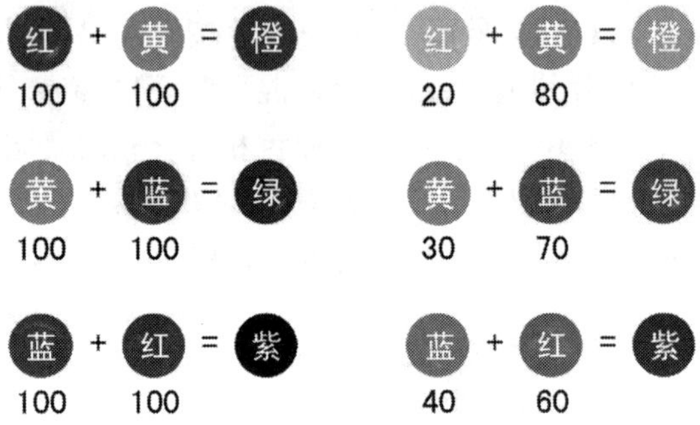

图 4-12　颜料的间色

（四）复色

由两种间色或三原色相混合所得到的颜色为复色，又称为第三次色。前面说到颜料三原色相混合成黑灰色，两种间色相混合实际就是三原色的混合，但三种原色的比例不同，混合出的复色色相也会有不同倾向，红多偏红、黄多偏黄、蓝多则偏蓝。由于颜料有越调越暗的特性，所以复色比间色更灰暗（见图 4-13）。

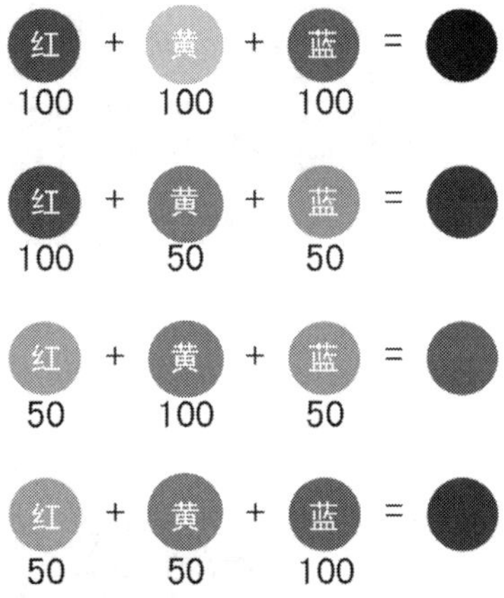

图 4-13　颜料的复色

四、物体色彩的变化规律

物体的色彩由于受到不同光源（自然光、日光、灯光等）和不同环境的影响，会呈现不同的变化。在进行石材着色前对石材色彩变化的基本规律有所了解，并在石材着色处理中运用正确的观察方法进行观察，才能使石材着色达到令人满意的效果。

（一）固有色

固有色是指物体在自然光（天空从窗口反射到室内的光线，即非阳光直射下的光线）照射下所呈现的色彩（如图 4-14 所示为锈石石材在自然光下所显示的固有色），也是区别不同物体色彩的依据，如苹果是红色的、梨是黄色的、树叶是绿色的、中国黑石材是黑色的等。

（二）光源色

光源色是指光源的色相。常看到的有日光、天光（自然光）、灯光、火光等。日光一般偏黄（早晚的日光呈淡红色和橙黄色），天光白中微带蓝色，白炽灯带黄，冷光灯一般都带蓝色。物体在不同的光源下所显示的色相各不相同(如图4-15所示为锈石石材在日光下所显示的色相)。

图4-14　锈石石材在自然光下的固有色

图4-15　锈石石材在日光下的光源色

(三)环境色

环境色是指周围物体互相反射的色彩。在外墙装饰石材中,周围的玻璃幕墙、铝塑装饰板、各种外墙涂料及石材本身等反射出的颜色都是环境色。

第三节　石材的矿物组成

石材由取自矿山的岩石经人工加工而成。岩石由各种矿物组成,矿物是组成各种岩石的最基本单元。矿物是具有比较固定的化学成分和物理性能的自然均质体(单质或化合物),它是地壳中各种地质作用的产物。不同的岩石由不同比例、不同种类及不同化学成分的矿物组成。不同矿物的聚合就表现出岩石相应的外观、颜色和基本的物理、化学特性。

石材的矿物成分主要有长石、石英、云母、角闪石、辉石、白云石、方解石、铁镁矿物等中的若干种组成,石材中的主要矿物成分见表4-1。

表4-1　石材的矿物成分

矿物名称	化学分子式	矿物名称	化学分子式
石英	SiO_2	绿帘石	$Ca_2[FeAl]_3[SiO_4][Si_2O_3]O(OH)$
斜长石	$Ca,Na[Al_xSi_yO_2]$	绿泥石	复杂的硅酸盐
钾长石	$K[AlSi_3O_8]$	蛇纹石	$Mg_6[Si_4O_{10}](OH)_8$
方解石	$CaCO_3$	磁铁矿	Fe_3O_4
白云石	$CaMg(CO_3)_2$	菱铁矿	$FeCO_3$
黑云母	$K(Mg,Fe)_2[AlSi_3O_{10}](OH_2,F)_2$	橄榄石	$(Mg,Fe)_2(SiO_4)$
褐铁矿	$Fe_2O_3 \cdot 12H_2O$	白云母	复杂的硅酸盐
黄铁矿	FeS_2	菱镁矿	$MgCO_3$
普通辉石	$Ca(Mg,Fe,Al)_2[(Si,Al)_2]O_6$	普通角闪石	复杂的硅酸盐

第四节　石材及其组成矿物的颜色

前面我们曾提到石材是由各种矿物组成的，因此要研究石材的颜色，必须先研究矿物的颜色及其发色机理。

一、矿物的自色

矿物的自色是指矿物本身固有的颜色，是由其中所含有的色素离子和内部结构所决定的。这种颜色比较稳定，基本不受外界影响，因此对矿物鉴定很重要。常见的色素离子见表4-2。

表4-2　常见的色素离子及有关的矿物颜色

离子	颜色	矿物举例	离子	颜色	矿物举例
Cu^{2+}	蓝 绿	蓝铜矿 孔雀石	Mn^{2+}	黑	软锰矿
Ni^{2+}	绿	镍华	Mn^{2+}、Mn^{3+}	玫瑰	菱锰矿
Fe^{2+}、Fe^{3+}	黑	磁铁矿	Cr^{2+}	红 绿	刚玉 钙铬石
Fe^{3+}	褐 红	褐铁矿 赤铁矿	Ti^{4+}	褐 红褐	榍石
Fe^{2+}	暗绿	绿泥石			

红色花岗石中之所以是红色，是由于其中钾长石含有 Fe^{3+}，竹潭绿花岗石呈现墨绿色，与其辉石中含有 Fe^{2+} 有关。不同的色素离子有不同的颜色，同一种色素离子，其含量不同，也可产生不同的颜色。如氧化铬，当其呈类质同象混入物的含量低(0.1%左右)时，则呈深的鲜红色，当其含量高时，则呈现绿色。

二、矿物的他色

他色是指矿物含有带色杂质的机械混入所染成的颜色，它与矿物本质无关，故叫他色。如纯净石英是无色的，若含少量氧化锰，则呈紫色(紫水晶)；若含钛，则呈淡红色(蔷薇水晶)；若含碳，呈烟色或黑色(烟水晶)。当矿物受热时，此种颜色会变化。

三、矿物的假色

矿物表面的氧化膜、内部解理或者裂隙薄膜、包裹体等引起的光波的干涉而呈现的颜色，称为假色。如方解石，由于解理发育，解理面对光的反射干涉，有的形成有彩虹的色图，称为晕色。

石材的着色、改色就是根据矿物的自色、他色和假色原理进行的。

四、石材的颜色

石材颜色的成因很复杂，有造岩矿物引起的，有渗入染色元素所致的，但主要是由自身矿物中的金属离子引起的。同一种金属离子在不同石材中的含量大小不同,所形成的颜色也不同;同一种金属离子的价态不同,其颜色也不一样;不同带色离子的混合物,同样会形成不同的颜色。此外,石材的干湿程度不同也会引起颜色的变化。就是因为如此,才形成石材颜色的千差万别,装点多色的世界。

大理石中的主要化学成分是碳酸盐类,矿物是方解石及白云石,较为单纯的大理石应为白色或灰白色,但因容易受到其他颜色的混染,从而出现不同的颜色系列,主要有白色、黑色、红色、绿色、黄色、灰色及其他具有花斑纹路的花色。白色的含碳酸钙、碳酸镁。黑色的含有机质(碳质、沥青质等)及通常与其伴生的细分散的重金属(多数为铁,其次是铜、铝等)的硫化物(如贵州织金的晶黑、江苏的苏州黑、河北获鹿的墨玉、辽宁的大连黑等都富含碳质或沥青质;广西的桂林黑则含有硫化物及有机质,在加工过程中挥发出一种臭味,并在石浆上漂浮着一层微薄的油花,有时其磨光板面上会呈现树叶状蕨类植物化石的斑纹)。红色、红褐色、棕黄色通常由含有氧化铁的水化物(水赤铁矿、赤铁矿、水针铁矿、褐铁矿等)所造成(如安徽灵璧的红皖螺)。紫色、紫红色一般是因氧化锰和氧化铁呈一定的比例所致(如河北获鹿的紫豆瓣)。绿色多半是由于存在有铁的低价氧化物(FeO)和硅镁化合物等矿物(海绿石、鲕状绿泥石、蛇纹石、角闪石、透辉石、橄榄石、石榴石、阳起石、绿帘石)及铜或铬的化合物(如北京昌平的金玉、河北获鹿的云彩、辽宁的丹东绿、山东的莱阳绿、福建政和的叠绿等)。黄色常含铬或铁的化合物(如湖北的米黄玉)。多种颜色则含有不同成分的多种杂质。纯白色的大理石成分较为单纯,但多数大理石是由两种或两种以上成分混杂在一起的。

花岗石的颜色多数由造岩矿物的颜色引起。花岗石的基本组成矿物是石英、长石、角闪石、辉石、橄榄石和黑云母,石英和长石为浅色矿物,含量多时则石材的颜色浅,当暗色矿物含量小于1%时,就形成白色花岗石(如江西的珍珠白),石英含量高,则呈现无色。暗色矿物逐渐增多,则形成灰白(如福建的泉州白)或灰色(如湖北黄岗的芝麻灰)系列的花岗石。若暗色矿物再增多,则色调更暗,形成黑绿色或黑色系列花岗石(如山东的济南青、内蒙古的丰镇黑)。

长石的品种对花岗石的颜色影响极大,含钾钠或钙钠的斜长石呈粉红色;含有钙长石为暗灰色及灰黑色;含斜长石则使石材呈白色。但要指出的是,拉长石在花岗石中增多时,在有些情况下,拉长石晶体在其特定方向上呈现蓝、绿、紫、金黄等色的变彩,经抛光后具有独特鲜艳的装饰效果,十分漂亮(如巴西蓝、芬兰蓝)。

石材的颜色及其所含矿物质见表4-3,矿物质的颜色见表4-4。

表4-3　石材的颜色及其所含矿物质

石材的颜色	所含矿物质	石材的颜色	所含矿物质
黑	黑云母、角闪石、碳	红	赤铁矿
褐	褐铁矿	白	长石、方解石、白云石
灰	各种矿物	黄	褐铁矿
绿	云母、氯化物、硅酸盐		

表 4-4　矿物质的颜色

矿物质	矿物质的颜色	矿物质	矿物质的颜色
辉石	褐、绿、黑、紫	赤铁矿	金属灰或黑色
黑云母	黑、褐、绿	角闪石	绿、黄、褐、黑
方解石	珍珠色和灰白色	褐铁矿	黑、褐或黄
白云石	无色、粉红、淡褐色	硫磺	淡金黄色
长石	黄、白、粉红、绿、灰		

矿物质有各种晶体属性，不同属性有不同颜色。例如，辉石（见表 4-4）有不同晶体属性，每种属性有各自的颜色。各种矿物质属性掺杂在一起，并在高温高压作用下，形成石材绚丽多彩的颜色和各种各样的结晶。

此外，岩石的干湿程度不同也会引起颜色的变化，湿者颜色深，干者颜色浅。磨光程度不同也影响石材的颜色，光泽度越高则颜色越深，反之则色浅。岩石的颜色与其新鲜程度也有关，新鲜者色深，风化者色浅。

第五节　石材的色差

色差是指两个色彩之间的差异。色彩包含色相、纯度（饱和度、彩度、鲜艳度）和明度（亮度）三个特征，色差可从色相、纯度和明度这三种色彩属性的差异来表示。色相差表示色彩相貌的差异（即偏红或偏蓝等），纯度差表示色彩鲜艳度的差异，明度差表示色彩深浅的差异，色差是这三者的综合差异。现代色差评定根据国际照明协会（CIE）推荐的标准色差公式并采用仪器和电脑测量计算，用精确的数字来表示，如 CIE 1976$L^*a^*b^*$（L^* 表示心理明度，a^*、b^* 表示心理色度）色差公式等（色差值与人的视觉效果见表 4-5）。

表 4-5　色差值与人的视觉效果

色差（$\Delta E^*a^*b^*$）	视觉效果	色差（$\Delta E^*a^*b^*$）	视觉效果
0～0.5	微量	3.0～6.0	明显
0.5～1.5	轻微	6.0～12.0	很大
1.5～3.0	能感觉到	12.0 以上	截然不同

石材的色差是指同一品种石材之间的颜色差异。组成石材的各种矿物具有各自的特征，每种矿物都具有一定的结晶构造、化学成分、物理性能等特征，因此同一种石材的矿物成分基本相似。但另一方面，由于矿物形成的条件差异，或有其他外来元素及物质的影响，导致矿物特征的差异，例如色调差异、晶体颗粒大小差异、解理差异等。因此，也会出现相同的矿物在同一品种石材或不同品种石材中，其外观及颜色不尽相同，这样自然而然就形成了石材不可避免的天然色差（见图 4-16）。装饰石材的 $\Delta E^*a^*b^*$ 值如果不超过 3.0，视觉上一般不会产生明显的色差效果。

图 4-16　654#花岗石的天然色差

第六节　石材的退色或变色

通常人们认为天然石材不会退色，但从长远来看，实际上天然石材也会退色，只不过是时间早晚而已。

大理石主要由方解石、白云石等矿物组成，常以前者居多。方解石分子式为 $CaCO_3$，白云石分子式为 $CaMg[CO_3]_2$，都具有 CO_3^{2-}，它比较活泼，易与空气中的二氧化硫起作用，形成石膏（$CaSO_4 \cdot 2H_2O$），此石膏呈浑浊的微粒状，而且方解石易与水作用，形成溶解于水的碳酸氢钙（$Ca(HCO_3)_2$），在水分失去后又变成碳酸钙（方解石）（石灰岩地区的溶洞、石笋、石钟乳就是这样形成的）。经过这些变化后，大理石抛光板材原来的晶体磨光面已不复存在，在外墙装饰面，特别是露天饰材不宜选用大理石就是这个原因。作为外墙饰面的大理石，一般在经过一段不长的时间后颜色就要淡化。

各种颜色的大理石中，暗红色、红色最不稳定，绿色次之。白色成分单一比较稳定，不易风化和退色，但容易受到污染而变色。大理石中含有化学性能不稳定的红色、暗红色或表面光滑的金黄色颗粒，则会使大理石的结构疏松，在阳光作用下将产生质的变化。

花岗岩中的矿物主要由长石、石英、云母、辉石、角闪石等组成。在这些硅酸盐矿物结构中，每一个硅离子都被四个氧离子所包围而构成硅氧四面体。这种基本结构单元性质相当稳定，耐酸碱性能强、难溶解、耐风化、不变色性相对较好。

自然界绝对稳定的物质是没有的，岩石由矿物组成，矿物由于种种原因（如热水液作用、风化作用），可变成其他次生矿物（如钾长石、云母、角闪石变成高岭土、褐铁矿，辉石变成绿帘石、绿泥石、方解石，橄榄石变成蛇纹石、菱镁矿），经过这些变化，岩石的颜色当然也要改变。

岩石的颜色成因相当复杂，有自色、他色、假色。自色中色素离子价键转变，颜色往往也会改变，如在地层深部形成的 Fe^{2+}，一般呈黑色，而到地表后常转变成 Fe^{3+}，呈现红色或褐色。他色是机械混入物。假色是表面氧化膜、内部解理或裂隙薄膜、包裹体，不论是机械混入物，还是表面氧化膜、裂隙薄膜，都会有变化，有脱落，因而导致颜色变化或退色。此外，还有其他一些原因，如阳光照射、结晶水挥发等，也会促使石材退色或变色。

花岗岩的退色也因石材品种不同而有差异。一般来说,深色花岗石较浅色花岗石易退色,因深色(如黑色、墨绿色)花岗石的矿物构成主要是辉石、角闪石、基性斜长石、磁铁矿等。浅色花岗石主要为酸性斜长石、钾长石、黑云母、石英等。矿物一般在地下形成,有些矿物先形成,有些后形成。先形成的往往是原子量较重的元素,位置较深,氧的供应较少,压力较大;后形成的则相反。因此,不同的矿物一般有不同的形成时期,其次序大致是深色矿物:橄榄石→辉石→角闪石→黑云母;浅色矿物:基性斜长石→酸性斜长石→钾长石→石英。先形成的矿物暴露到地表后,因环境有较大改变,易产生次生变化,晚形成的则变化较少,最稳定的是石英。另一种情况是次生矿物较原生矿物容易退色,如以绿帘石、绿泥石为主要成分的绿色、草绿色饰面板材,在经历一段时间后,颜色也会有所淡化。颜色的变化(退色)还与环境有关,工业区空气中酸碱含量高,则石材容易变化退色。此外,保养维护程度也很重要。

第七节　石材着色的机理及方法

一、着色机理

石材着色根据其作用效果,可分为增色、改色和润色。增色就是增强石材原有的颜色,使其变得更加浓重美观;改色就是将色质低劣的石材颜色加以改变,使其变成受市场欢迎的颜色新品种;润色就是不改变石材原有的色调,只是使其变得更加滋润、鲜艳而美观。

石材矿物的颜色大致可分为三种,即自色、他色和假色。矿物的自色由其内部结构和结构中所含的色素离子所决定;矿物的他色指矿物含有带色杂质或元素的机械混入所染成的颜色;矿物的假色指其表面的氧化膜、内部解理或裂隙薄膜、包裹体等引起光波的干涉而呈现的颜色。石材着色就是根据这些机理来进行的。

二、着色方法

根据矿物的不同发色机理,石材着色可分为色素物理着色法、物理－化学着色法、化学反应着色法和增艳润色法。

(一)色素物理着色法

色素物理着色法是根据矿物的他色原理来进行的,是将带色杂质或元素机械地渗入石材内部而使石材着色,该方法是完全的物理渗透过程。缺点是色素容易在石材的裂隙中聚集,有时会使石材局部产生不自然的质感。

根据施工温度的不同,可分为常温着色和高温着色,常温着色对石材的力学性能没有影响,高温着色往往会引起石材机械强度不同程度的下降。

根据所用的材料不同,又可分为有机材料着色、无机材料着色和有机无机混合材料着色。有机材料着色的优点是色彩丰富,颜色鲜艳,但有些材料的耐候性往往不够理想。无机材料着色的优点是耐候性较强,其缺点是色彩不够丰富。

(二)物理－化学着色法

物理－化学着色法也是根据矿物的他色原理来进行的,即物理渗入,化学固色,首先采用物理渗透的方法将带色杂质或元素机械地渗入石材的内部，再通过化学键合来使着色物质在石材内部固定，从而提高石材的色牢度。

（三）化学反应着色法

化学反应着色法是根据矿物的自色和他色原理来进行的，一般以无机材料居多，根据反应温度的不同，也可分为常温着色和高温着色。根据是否向石材中引入着色物质，可分为引入色素着色法和改变石材构造着色法。引入色素着色法是先将着色物质引入石材的内部，再通过化学反应的手段将着色物质转变成带色杂质或元素沉积于石材中而达到着色的目的（如金属盐离子着色法）。改变石材构造着色法不一定需要向石材中引入带色杂质或元素等着色物质，而主要是通过向石材中引入着色催化剂（如催锈着色法）或改变石材的外部环境（如激光着色法），使石材的内部物质结构或组成元素价态发生改变，从而达到着色的目的。

化学反应着色法因为通过化学的方法改变了石材的内部结构，或是引入了与石材结构相同的化学元素，通过这种方法对石材进行着色，在自然状态下是一个不可逆的过程，所以一般正常使用情况下基本可达到石材天然颜色的色牢度标准。

（四）增艳润色法

增艳润色法是根据矿物的假色原理来进行的，增艳润色剂一般为无色透明或偏灰色的材料（如石材湿色防护剂、增光增艳防护剂、润色调色剂等），渗入石材后能引起石材的光学性质发生变化，增加石材的色彩饱和度，从而达到改变石材颜色的目的。

三、着色施工方法及注意事项

各种着色剂及着色方法不同，具体的施工工艺也各不相同，详情可参见各种着色剂的使用说明书。施工操作时应注意如下事项：

（1）操作时应穿戴防护用具，避免直接接触皮肤。

（2）着色剂使用前应充分摇匀。

（3）不得用其他液体稀释着色剂，否则可能影响着色剂的着色效果或引发着色剂失效。

（4）大面积施工前，必须先在隐蔽处做局部小试，以确认效果。

（5）不要在潮湿和风力较大的环境下施工，否则会影响着色效果。

（6）如要对板材进行着色，最好在着色处理后再切割成规格板。

（7）因为石材的颜色千差万别，现有着色剂不可能适应每种石材，如果着色剂颜色与石材颜色不符，可参照石材的颜色，用着色剂的基本色和着色稀释剂根据三原色原理现场试验调配（具体的配色方法将在本章第八节中作进一步的介绍）。

（8）对于石面颜色不均匀的石材，必要时，可用各种颜色的着色剂分步叠加进行着色处理，以达到石面上多种颜色并存的效果。

（9）如果有未渗入石材内部的着色剂干结在石材的表面上，可用钢丝棉加水进行擦洗。

（10）石材着色后，如果再将石材表面进行防护处理，使用效果更佳。

（11）如果着色剂污染了其他物体，必须用专用清洗剂进行清洗。

（12）储存于阴凉通风处，远离儿童。

第八节　石材的色差处理

一、石材着色剂的颜色调配

石材着色系列产品一般包括石材着色剂和着色稀释剂，着色剂又分为红、黄、绿、黑、蓝等基本颜色（自然界中纯蓝色的天然石材基本没有，所以成品着色剂一般不生产纯蓝色，而是将蓝色和黄色配制成绿色，蓝色着色剂可定制），亦可利用红、黄、绿、黑等基本颜色和稀释剂自行调配出所要求的其他颜色。调配方法是先根据石材的原有颜色或所要求的颜色选定一种着色剂的基本色，然后根据所选定的着色剂颜色与石材所要求颜色的偏差，利用配色的基本原理，慢慢加入一种或几种其他颜色着色剂，充分混合均匀，直至所配颜色达到要求，然后根据所配着色剂颜色的深浅，适当加入石材着色稀释剂进行稀释。如果所选定的着色剂只是颜色深浅不合适，则可直接用稀释剂进行稀释。举例如下：

（1）浅灰至灰白色石材（包括芝麻白，如美国白麻、山东白麻等）的色差，可用黑色着色剂加着色稀释剂稀释后处理，稀释的比例范围为 1∶50 ~ 1∶200，若有必要，还可加入适量红色和黄色着色剂，根据石材颜色的深浅通过小试确定。

（2）浅黑色石材（如芝麻黑）增色剂的配制：选定黑色着色剂为基本色，再加入适量的着色稀释剂。

（3）烧毛面黑色石材（如丰镇黑、中国黑）增色剂的配制：黑色着色剂 2 份 ＋ 黄色着色剂 3 份 ＋ 绿色着色剂 1 份 ＋ 着色稀释剂 42 份。

（4）米黄石材增色剂的配制：先根据石材的颜色选定基本色，即黄色着色剂约 50 份，然后慢慢加入红色着色剂 0 ~ 3 份和黑色着色剂 0 ~ 0.1 份，再用着色稀释剂 0 ~ 50 份进行稀释（如金花米黄石材增色剂的配制约为黄着色剂 99 份 + 红着色剂 1 份，黑金花石材增色剂的配制约为黄着色剂 97 ~ 98 份 + 红着色剂 2 ~ 3 份）。

（5）橘黄色石材增色剂的配制：选定黄色着色剂为基本色，加入红色着色剂，再加入极少量的黑色着色剂，或再加入稀释剂。

（6）橘红色石材增色剂的配制：选定红色着色剂为基本色，加入黄色着色剂，再加入极少量的黑色着色剂，或再加入稀释剂。

（7）墨绿色石材增色剂的配制：选定绿着色剂为基本色，再加适量的黑色着色剂，或再加入稀释剂。

常见石材着色（增色）剂的配色方法参见表 4-6。

二、黑色系列（黑色至灰黑色）石材的色差处理

黑色石材表面颜色有深浅色差，可以用黑色着色剂进行着色（增色）处理，如果色差比较严重，可进行反复着色处理，直至色差消除（具体施工方法参见着色剂产品使用说明）。

灰黑色至浅灰色石材（包括芝麻黑、芝麻白、美国白麻、山东白麻等）的色差，可用黑色着色剂加着色稀释剂稀释后处理，稀释的比例范围为 1∶5 ~ 1∶200，可根据石材颜色的深浅通过小试确定，若用于非抛光面石材，稀释比例可适当加大。

表 4-6　石材着色(增色)剂配色方法

石材颜色	着色剂颜色				稀释剂（份）
	红色	黄色	绿色	黑色	
浅灰色				1	50～200
灰白色	0～1	0～1		1	50～200
浅黑色				1	1～5
烧毛面黑石材		3	1	2	42
米黄石材	0～3	50～100		0～0.1	0～50
金花米黄石材	1	99			0～100
黑金花石材	2～3	97～98			
橘黄色	1～5	95～99		0～0.2	0～100
橘红色	50	0～50		0～0.2	0～50
墨绿色			50	0～5	0～50

如果石材着色后发现颜色太深,可用专用清洗剂或着色稀释剂进行清洗。

注意:其他颜色石材的色差处理方法与此类似,只是使用的石材着色剂的颜色不同而已,或者需要用几种颜色的着色剂进行配色处理。

案例分析:烧毛面鲁灰花岗石天然石胆色差的消除(普通色素着色法)。

(1)病变情况:鲁灰花岗石为灰黑色石材,均匀分布着黑云母斑点,但天然存在大小不一的浅色石胆,且石胆中黑云母斑点含量极少,造成整体石材色差明显,严重影响石材的装饰效果,如图 4-17 所示。

(2)治理材料:石材(黑色)着色剂,石材着色稀释剂。

(3)施工方法:①根据石材的颜色调配好浅灰色着色剂:黑着色剂用量约为 0.5%,稀释剂用量约为 99.5%,充分摇匀。②石材必须干燥,将石材的待着色表面清理干净。③用毛刷将调配好的浅灰色着色剂均匀地涂刷在石材的浅色石胆上,使石胆的底色与整体石材的底色基本一致,自然干燥。④用小木棍蘸取少量黑着色剂,均匀地点在已用浅灰色着色剂处理的石胆上,疏密程度与整体石材上的着黑云母斑点基本一致。

(4)治理效果:治理后效果如图 4-18 所示。

三、米黄类大理石的色差处理

同一品种的米黄类大理石板材,出现颜色深浅的色差,有两种方法可解决:一是润色(增艳)法,二是着色(增色)法。润色法又分为普通润色法和防护润色法两种;着色法也分为普通色素着色法和催锈着色法两种。一般来说,如果石材的底色(即色调)相近,都可通过润色的方法得以改善(注:可通过湿水的方法来判断石材的底色是否相近),暗色或需要加深颜色的石材(如白沙米黄、莎安娜米黄、富利米黄、贵州米黄、云南米黄等)或是石材不需要做防护时用普通润色法;艳色石材(如丁香米黄)或需要做防护处理的石材用防护润色法。如果石材的底色相差太远,则可考虑用着色法:石质较致密,且无太明显的裂纹(如贝沙金米黄),用普通色素着色法;石材颜色较黄(如金线米黄、金碧辉煌、金花米黄、云南砂岩、西班牙黄砂岩),用催锈着色法。

图 4-17　鲁灰花岗石的石胆色差

图 4-18　鲁灰花岗石的石胆色差治理后效果

以上只是提供的一些参考,并不一定是最佳方案,至于用哪种方法比较理想,则要具体石材具体分析,如果没有经验,最好通过试验确定。

普通润色法所用材料为石材增艳润色剂,特点是只改变石材的颜色(加深、增艳),不增加石材的防护效果,比较适合于色差较大、吸收性较好的深米色石材,如果石材已经过防护处理,则必须先用清洗剂去除石材表面的防护剂,否则增艳润色剂无法渗入石材内部。

防护润色法所用材料为石材增艳防护剂,特点是既改变石材的颜色(增艳),又增加石材的防护效果,比较适合于色差相对较小的米色或黄色石材(用防护润色法消除米黄大理石色差的对比效果如图 4-19 所示,左侧为深色石材,右下为原浅色石材,右上为浅色石材防护润色处理后的效果)。

图 4-19　防护润色法消除米黄大理石色差

普通色素着色法所用材料为石材着色(增色)剂和着色稀释剂,特点是颜色可以自由调配,先根据石材的基色(色调)和深浅石材的色差程度,用石材着色剂的基本色和石材着色稀释剂调配成适合本次使用的着色剂,然后再对色差石材或是仅对浅色部分石材进行着色处理,以达到消除色差的目的。其优点是渗透性好,比较致密的石材和已经作过防护处理的石材均能使用;缺点是颜色调配比较麻烦,因为渗透性太好,所以石材的裂纹中颜色比较明显,不适合裂纹较多的石材。

催锈着色法所用材料为石材催锈着色剂,特点是耐候性极好,其颜色可达到与石材的天然颜色相同的色牢度效果,可确保在正常的使用过程中不会出现明显的退色或变色现象,经此法处理过的石材,颜色自然逼真,石材的裂纹中看不出着色的痕迹,比较适合黄色石材的色差处理。

(一)贝沙金米黄大理石抛光板天然色差的消除(普通色素着色法)

(1)治理材料:石材(黄色)着色剂,石材(红色)着色剂,石材(黑色)着色剂,石材着色稀释剂。

(2)施工方法:①根据石材的颜色调配好着色剂:黄着色剂约47%,红着色剂约3%,黑着色剂约0.1%,稀释剂约50%。②石材必须干燥,表面不得作过防护或打蜡处理,将石材的待着色表面清理干净。③用软布将着色剂直接均匀地涂擦在石材的待着色表面上,着色剂用量不可太多,以直接擦干为好。④着色后如果石材颜色还不够理想,可进行重复着色,以达到最佳的着色效果。

(3)治理效果:治理前后对比效果见图4-20(左侧为深色石材,右下为原浅色石材,右上为浅色石材着色处理后的效果)。

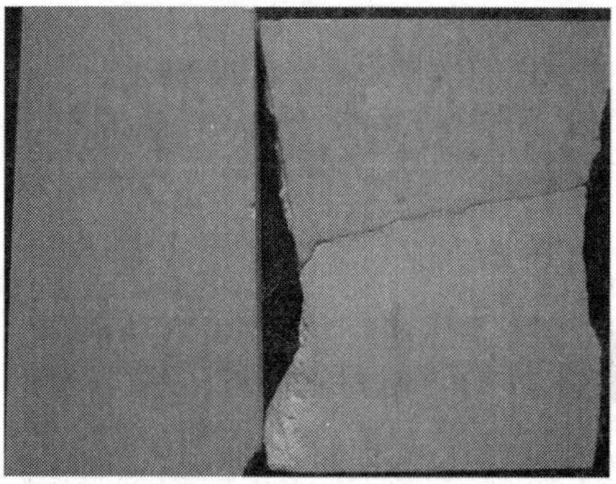

图4-20 普通着色法消除贝沙金米黄大理石色差

(4)注意事项:①米黄石材的着色一般可根据石材的颜色用石材(黄色)着色剂(占50%~100%)、石材(红色)着色剂(占0~10%)、石材(黑色)着色剂(占0~1%)和石材着色稀释剂(占0~90%)来调配所需着色剂的颜色,另外还可以采用颜色叠加的办法来进行石材着色,即先用某种颜色的着色剂着色后,如果发现颜色有偏差,再用石材中不足的颜色着色剂着色处理一次。②如果石材的裂纹比较明显,则色差的消除无法用着色的办法来解决,因为着色剂会在石材的裂纹处聚集而导致石材的颜色不自然,因此对于多裂纹的石材,只能用增艳润色法来处理。③着色处理后的石材,要经过1 d左右的时间干透后颜色才能稳定,因此大面积施工前必须进行局部试验,待颜色稳定后才可进行正式施工。

(二)丁香米黄大理石抛光板天然色差的消除(防护润色法)

(1)病变情况:天然色差,如图4-21所示。

(2)治理材料:石材增光增艳防护剂。

(3)施工方法:①石材必须干燥,施工前先将石材的待处理面清理干净。②将增光增艳防护剂用毛刷或软布均匀地涂擦于浅色部分石材的表面上,用量为10~20 m^2/L,保持12~24 h后擦去或用抛光毛毡抛去表面浮尘,与深色部分石材做颜色对比。③如果未达到满意效果,可多次重复步骤②。④颜色达到满意的效果后,用软布均匀地将防护剂涂擦于深色部分石材的表面上,用量为60~80 m^2/L,能起到防护效果即可。

(4)治理效果:治理后效果见图4-22。

(三)莎安娜米黄大理石抛光板天然色差的消除(普通润色法)

(1)病变情况:天然色差,如图4-23所示。

(2)治理材料:石材增艳润色剂。

(3)施工方法:①石材必须干燥,施工前先将石材的待处理面清理干净。②将增艳润色

剂用毛刷或软布均匀地涂擦于浅色部分石材的表面上，用量为 10 ~ 20 m^2/L，保持 12 ~ 24 h

图 4-21　丁香米黄大理石色差

图 4-22　丁香米黄色差防护润色法治理后效果

后擦去石材表面浮尘，与深色部分石材做颜色对比。③如果未达到满意效果，可多次重复步骤②。

(4)治理效果：治理后效果如图 4-24 所示。

图 4-23　莎安娜米黄大理石色差

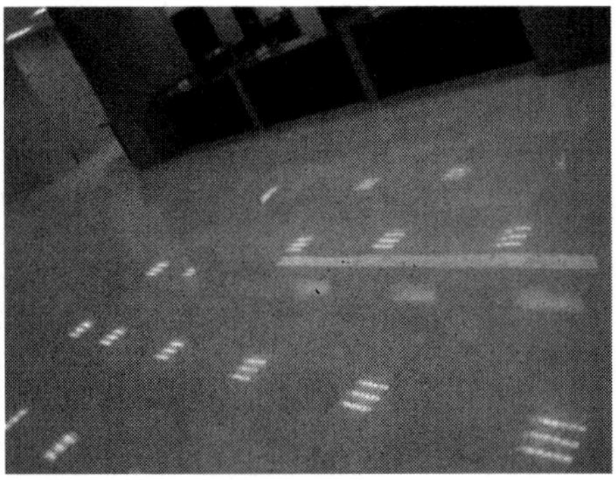

图 4-24　莎安娜米黄色差普通润色法治理后效果

(四)金线米黄大理石抛光板天然色差的消除(催锈着色法)

(1)病变情况：天然色差，如图 4-25 所示。

(2)治理材料：石材催锈着色剂。

(3)施工方法：①石材必须完全干燥。②清理石材上的污物及表面浮尘。③在非石材部位及石材的非处理部位做好保护(如贴塑料胶带保护)。④将催锈着色剂均匀地涂刷在浅色部分或者全部待处理的石材表面上(由色差具体情况决定)，表干后用拧干的湿抹布将石材表面擦洗干净。⑤干燥后检查石材的色差是否消除，如果还不够理想，可进行重复处理，以达到最佳效果。⑥石材完全干燥后进行防护处理。

(4)治理效果：治理后效果见图 4-26。

四、黄色花岗石和黄色砂岩的增色及色差处理

大多数黄色花岗石和黄色砂岩的颜色都比较浅，而且色差较为严重，因此黄色花岗石和黄色砂岩的调色处理就变得必不可少。其颜色及色差调整有两种方法：一是将深色石材的

颜色向浅色石材方向调整,即减色法处理(黄色砂岩一般不采用减色法);二是将浅色石材的颜色向深色石材方向调整,即增色法处理,实际操作中应采用何种方法,主要取决于石材的原有颜色及客户或设计师的具体要求。但如果石材的基色不一致或相差太大,两种方法都很难保证石材的颜色完全统一,这时可考虑先将深色石材进行减色法处理,然后再将整体石材进行增色法处理以调整石材的基色,从而达到消除石材色差或是调整石材原有颜色的目的。

图 4-25　金线米黄大理石色差

图 4-26　金线米黄色差催锈着色法治理后效果

(一)减色法消除黄金麻花岗石抛光板的天然色差

(1)治理材料:麻石清洗除锈剂。

(2)施工方法:①在非石材及石材的非处理部位做好保护。②清理石材上的污物及表面浮尘。③将清洗除锈剂刷涂于石材的需处理部位。④待石材的颜色达到要求(需几分钟至数小时甚至十几小时,根据石材的品种和颜色由试验确定)后,再将石材擦洗干净。⑤如果石材色差严重,一次清洗无法达到要求,可反复处理。

(3)治理效果:减色法处理前后对比效果见图 4-27(左侧下部为原深色石材,左侧上部为深色石材局部减色处理后的效果,右侧为浅色石材)、图 4-28(下部为有色差的原色石材,上部为整体减色处理后的效果)。

(4)注意事项:对于黄色花岗石和黄色砂岩的色差,应尽量用增色法进行处理,因为采用减色法处理时很难控制好退色的程度,往往掌握不好,容易造成新的色差。

(二)增色法消除黄金麻花岗石抛光板的天然色差

(1)治理材料:石材催锈着色剂,石材固色防护剂。

(2)施工方法:①在非石材部位及石材的非处理部位做好保护(如贴塑料薄膜或胶带保护)。②石材必须干燥,表面不得作过防护或打蜡处理。③清理石材上的污物及表面浮尘。④将石材催锈着色剂均匀地涂抹在石材的待处理表面上。⑤表干后擦去石材表面的浮尘,如果石材颜色还不够理想,可进行重复处理,以达到最佳的着色效果。⑥石材完全干燥后进行防护固色处理。

(3)治理效果:增色法处理前后对比效果见图 4-29(左侧为原深色石材,右侧下部为浅色石材,右侧上部为浅色石材局部增色处理后的效果)、图 4-30(下部为有色差的原色石材,上部为整体增色处理后的效果)。

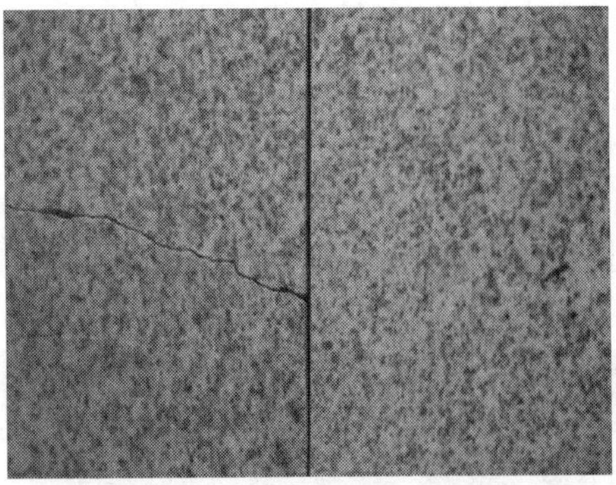

图 4-27　黄金麻石材局部减色法消除色差

图 4-28　黄金麻石材整体减色法消除色差

图 4-29　黄金麻石材局部增色法消除色差

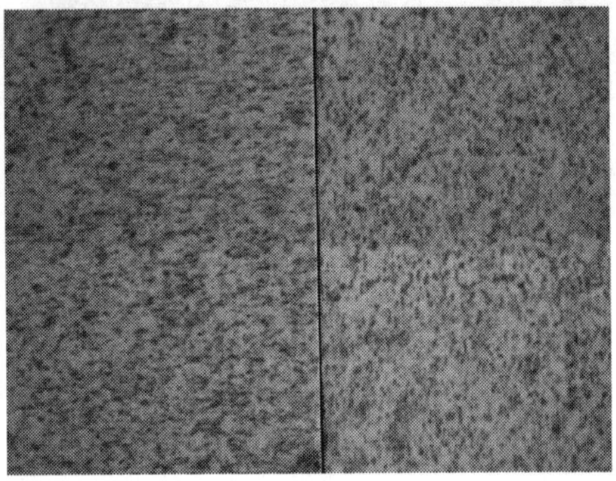

图 4-30　黄金麻石材整体增色法消除色差

(4)注意事项:①石材在增色及防护固色处理施工前必须处于完全均匀的干燥状态。②催锈着色剂必须涂刷均匀。③石材增色并完全干燥后,必须进行防护固色处理,以保证其早期色牢度的稳定。

(三)金砂黄光面花岗石的色差处理(减色和增色相结合)

(1)病变情况:天然色差,如图 4-31 所示。

(2)治理材料:麻石清洗除锈剂,石材催锈着色剂,石材固色防护剂。

(3)施工方法:①石材必须干燥,施工前先将石材的待处理面清理干净。②将麻石清洗除锈剂用水按 1∶2的比例稀释后均匀地涂刷于石材的最深色部位,24 h 后观察石材的退色情况,若颜色还明显偏深,重复以上过程,直至颜色接近中等颜色石材后,将石材表面擦洗干净。③将石材催锈着色剂用布均匀地涂擦于石材的最浅色部位,完全干燥后观察石材的增色情况,若颜色还明显偏浅,重复以上过程,直至颜色接近中等颜色石材后,将石材表面擦洗干净。④石材整体完全干燥后,将固色防护剂用毛刷或滚筒均匀地涂刷在石材的整个表面上,纵横交错施工,不得遗漏。

(4)治理效果:治理后效果见图 4-32。

(5)注意事项:①麻石清洗除锈剂必须用水稀释后才能使用,否则可能引起石材退色太多而形成新的色差。②用石材催锈处理剂催锈处理后,若颜色太深,可用清洗除锈剂清除后重作。③各道工序施工期间均不得受雨水侵蚀。

图 4-31　金砂黄光面花岗石的天然色差

图 4-32　金砂黄光面花岗石的天然色差治理后效果

(四)荔枝面福建锈石花岗岩的色差处理(增色法)

(1)病变情况:天然色差,如图 4-33 所示。

(2)治理材料:石材催锈着色剂,石材固色防护剂。

(3)施工方法:①石材必须干燥,施工前先将石材的待处理面清理干净。②将石材催锈着色剂均匀地涂刷于石材的浅色部位,完全干燥后观察石材的增色情况,若石材的色差没有消除,重复以上过程,直至满意。③石材整体完全干燥后,将固色防护剂均匀地涂刷在石材的整个表面上,纵横交错施工,不得遗漏。

(4)治理效果:治理后效果如图 4-34 所示。

图 4-33　荔枝面福建锈石花岗岩的天然色差

图 4-34　荔枝面福建锈石花岗岩的色差治理后效果

(5)注意事项:①各道工序施工期间均不得受雨水侵蚀。②如果石材的色差严重,且局部颜色明显偏深,亦可用减色和增色相结合的方法进行色差处理。

(五)自然面西班牙黄砂岩的色差处理(增色法)

(1)病变情况:天然色差,如图 4-35 所示(左侧为深色石材,右侧为浅色石材)。

(2)治理材料:石材催锈着色剂,石材固色防护剂。

(3)施工方法:①石材必须干燥,施工前先将石材的待处理面清理干净。②将石材催锈着色剂均匀地涂刷于浅色石材上,完全干燥后观察石材的增色情况,若石材的色差没有消除,重复以上过程,直至满意。③石材整体完全干燥后,将固色防护剂均匀地涂刷在石材的整个表面上,纵横交错施工,不得遗漏。

(4)治理效果:治理后效果见图 4-36(左侧为原深色石材,右侧为原浅色石材增色处理后的效果）。

（5）注意事项：各道工序施工期间均不得受雨水侵蚀。

图 4-35　自然面西班牙黄砂岩的天然色差

图 4-36　自然面西班牙黄砂岩的色差治理后效果

第五章　石材整体研磨

第一节　石材整体研磨的意义

整体研磨技术是一门综合技术，是指利用可移动的研磨设备，配合特定的磨料磨具，对已铺装养护好的各类天然石材、人造石、水磨石、高温通体砖等可磨抛地面进行现场研磨、修补、抛光等程序的施工，用于石材地面的整体研磨技术简称石材整体研磨技术。

石材整体研磨是一种新技术、新工艺，是整体研磨技术在石材安装领域的延伸应用。而石材翻新是一种目的，任何石材翻新手段都是相应项技术或工艺在石材翻新领域的成功应用。因此，石材翻新是石材整体研磨技术的应用之一，它还可应用于石材大分割尺寸薄板化的施工、仿古石材地面的现场整体施工、毛板铺装现场整体研磨、石材地面特殊效果的现场制作等。反之，石材整体研磨技术也只是实现石材翻新的手段之一，另外，还可以通过化学清洗、高压水清洗、无尘喷砂清洗、激光清洗等手段，对石材进行翻新处理。

使用石材整体研磨技术，一是可以实现大分割尺寸薄板化，节约石材这种不可再生资源，同时可以减轻建筑物每平方米的质量，节约结构方面的成本造价；二是可以避免因石材变形、石材使用磨损严重而更换石材，节约了大量的人力、物力、财力等紧缺资源，具有建立节约型社会的实际意义；三是可以消除石材接缝处的剪口现象，提高了建筑装饰石材安装标准；四是可以实现石材地面安装无缝化、整体化，大大提高了石材地面的整体装饰效果，提升了建筑装饰石材地面安装施工水平；五是提高了石材地面的使用质量，延长了石材地面的使用寿命。综上所述，石材整体研磨技术有着极其重要的现实意义及深远意义。

石材整体研磨自 20 世纪 90 年代初进入我国，至今已有近 20 年的历史，石材整体研磨技术在我国得到了广泛的应用。自 2004 年起，石材整体研磨的工程量超过了石材防护，使石材整体研磨成为石材护理的重要组成部分，从事石材整体研磨的专业公司、专业人员也迅速增加。为了加强石材护理人员的专业培训，解决石材护理企业人员短缺等问题，劳动人事部于 2007 年正式批准在我国设立石材护理工工种。第一部建筑工程装饰石材应用的工程建设标准《建筑装饰工程石材应用技术规程》(DB11/T 512—2007)(北京市地方标准)于 2008 年 3 月 1 日正式实施。

第二节　石材整体研磨的国内发展历程

1993 年，香港雅伦进入内地，将石材护理、翻新理念带入大陆，广州协和云石护理公司作为香港雅伦在内地的代理商，将石材护理、翻新的设备、材料在广东及内地推广，并在国内开展石材翻新业务。1994 年，新加坡雅图公司在北京地区进行石材护理翻新推广。1995 年，国家建材局苏州非金属矿工业设计研究院将意大利石材翻新设备引进我国，并帮助上海盈隆实业有限公司在上海开展石材翻新业务。随后，专业从事石材防护、石材病变治理、石材翻新、石材整体研磨及日常护理工作的石材养护公司开始大量涌现。石材养护观念逐步在国内被接受，石材整体研磨工程量所占比例明显提高。北京洪涛石材养护有限公司于2001年在北京建外SOHO项目中，将大量树脂基嵌缝材料应用于石材整体研磨施工中，为今后的石材整体研磨无缝化处理起到了积极的推动作用。为引导石材护理行业的健康发展，中国石材工业协会于2005年成立石材应用护理专业委员会，并于2006年向劳动人事部申请设立石材护理工这个专业工种且获得正式批准。由北京市建筑装饰协会、北京市建设工程物资协会主编，北京市建设委员会和北京市质量技术监督局批准发布的《建筑装饰工程石材应用技术规程》(DB11/T 512—2007)(北京市地方标准)于2007年12月12日发布，其中对石材整体研磨的施工流程、工艺、验收标准等方面作出了详细的规定，这也是目前国内唯一有关石材护理的地方标准。2008年10月中华全国工商业联合会石材业商会为了适应石材应用领域发展的需要，成立了石材业商会应用技术专业委员会。同年，在河南建筑职业技术学院设立石材专业，石材整体研磨成为石材专业的一部分。

第三节　石材整体研磨的效果及使用范围

石材整体研磨是在已铺装养护好的石材地面上进行施工作业，可以通过不同的工艺及不同的磨具磨料使石材表面呈现出不同的视觉效果，如我们最常见的高光效果，以及近年来流行的亚光面效果、仿古面效果。此外，还有些特殊设计要求的效果，如磨平板效果、磨痕效果、仿自然面效果等。上述各种不同石材表面效果可以是对同一区域使用不同工艺所产生的整体效果，也可以是对相同区域不同位置的石材地面运用不同的磨、抛、喷砂、锤打等工艺，使同一区域的石材地面达到多重的表面效果。如可将高光效果、亚光效果、磨平板效果、仿古效果、仿自然面效果、磨痕效果、喷砂效果、花锤效果等，按照设计及甲方对实际效果的不同要求，运用多种石材表面施工工艺，实现同一区域或部分区域拼图、造型等不同要求。由于石材整体研磨施工是对已铺装养护好的石材地面进行整体研磨处理，可避免在工厂单体加工，在现场按传统工艺铺装所产生的石材变形、表面不同加工效果难以处于同一平面和不同表面效果剪口难以处理等问题，可以实现传统施工工艺难以达到的施工效果。

整体研磨是一项施工新技术，石材整体研磨只是整体研磨技术在已铺装养护好的石材地面上的应用。如果调整施工工艺，更换防护材料、磨具磨料及一些设备，增加混凝土硬化材料等，整体研磨技术还可用于各种人造石材地面、微晶石地面、高温通体抛光砖地面、水磨石地面以及混凝土地面的整体研磨施工。在上述不同材质的地面上进行整体研磨施工，同样可以达到在石材地面上的研磨效果。只是在微晶石地面上施工时，需注意微晶石表面空洞的处理，尤其是白色微晶石，不要出现孔洞黑边现象。在现浇水磨石地面、混凝土非金属耐磨地面、清水混凝土地面的整体研磨方面，由于增加了混凝土硬化剂、混凝土防水防油剂、染色剂等外加剂，可以使上述地面的硬度、耐磨度、防污性、美观性、耐久性等有大幅度提高，杜绝了混凝土地面的起尘性和污染性，提高了此类地面的美观及实用价值，大大降低了维护成本，对此类地面起到了增值作用。

石材整体研磨技术既能实现多重效果，又能适用于多种材质，还可应用于多种目的：

(1)解决了地面石材大分割尺寸厚度标准化这一传统难题。近些年来，随着建筑空间的不断增大，地面石材的分割尺寸也在不断加大。从原先的600 mm×600 mm的标准板到后来的 800 mm×800 mm，再到后来的 1 000 mm×1 000 mm，以至更大的分割尺寸。随着石材分割尺寸的不断加大，为了保证石材最小的变形量，石材的厚度也随之增加，由最初的 20 mm 标准厚度逐步增加到 25 mm，甚至有些达到了 30 mm。但即使这样，石材铺装后的平整度尤其是接缝处的平整度也很难达到装饰标准。如果应用石材整体研磨施工技术，即使是 1 200 mm×1 200 mm 的分割尺寸，也不用考虑石材铺装后的变形问题，因为石材整体研磨施工可以很好地解决这一问题。这样就可以在实现石材大分割尺寸的同时，又不增加石材厚度，即地面石材大分割尺寸厚度标准化。石材整体研磨技术的应用不仅在于节约了大量的石材这种不可再生资源，同时对地面石材的铺装工艺及标准的提高，也有着重大的积极意义。

(2)在现有传统铺装工艺的前提下，解决了石材平整度差的问题。由石材应力、加工、码放、吸湿等因素引起的石材变形，以及石材铺装质量、成品保护、施工环境等因素造成的局部平整度差，石材接缝处存在着大量的剪口现象，是现在石材地面铺装的质量通病，也是现阶段传统石材铺装工艺难以克服的。利用石材整体研磨施工技术，可以很好地解决上述存在的问题，提高传统石材铺装方法的施工标准。

(3)为在同一地面区域或局部地面区域采用不同材质或不同表面效果的设计要求，提供了可行性。在传统施工中，由于不同材质的吸水率、收缩率和膨胀系数不同，很难在一次施工中将它们组合使用。同样，不同的表面效果材料，由于加工工艺不同，很难将它们铺装在同一水平面上。而且一旦铺装完成后发生变形或出现剪口现象，由于是不同的表面效果，很难处理。而石材整体研磨施工是在已铺装完成的地面上进行的，所以对上述问题可以进行有效的解决。

(4)对石材整体研磨技术进行适当调整，就可对水磨石地面、非金属耐磨地面以及其他混凝土地面进行改造。使水磨石地面、非金属耐磨地面和普通混凝土地面的硬度、耐磨度、光泽度、防尘性、抗污染能力和维护保养等方面，都有很大提高。

(5)利用整体研磨技术，可以对水磨石、非金属耐磨材料和普通混凝土等地面进行翻新改造，有效地延长了其使用寿命，节约了成本。

(6)对石材整体研磨工艺、设备等进行调整改造，还可用于文物的修复保护，如对墙柱面、雕塑、浮雕等进行修补。

石材整体研磨技术在上述 6 个方面的应用，只是近 10 年来整体研磨技术在上述各方面的不断探索与实践的结果，随着人们对整体研磨技术的不断认识、改造、充实，更随着配套设备、辅料的不断引进和创新，石材整体研磨技术将会被应用于更广阔的领域，为人们实现更广泛的目的而服务。

第四节 施工工序及工序目的

一、施工工序

(一)抛光石材地面施工工序

抛光石材地面施工工序：成品保护→施工前对已铺装石材地面的检查→裁缝处理→防渗处理→修补、嵌缝处理→粗磨部分→再次修补处理→边角研磨处理→细磨处理→抛光处理→结晶硬化处理→拆除成品保护、清场→报验及消项。

(二)地面洞石抛光石材的施工工序

地面洞石抛光石材的施工工序:成品保护→施工前对已铺装石材地面的检查→裁缝处理→防渗强化处理→嵌缝处理→粗磨处理→边角研磨处理→孔洞修补处理→细磨处理→再次修补处理→精磨处理→抛光处理→结晶硬化处理→拆除成品保护、清场→报验及消项。

二、工序目的

(1)成品保护。为了防止施工带来的各种污染和对施工现场内的各种成品造成的破坏,或为便于清场所采取的一些有效保护措施。

(2)施工前对已铺装石材地面的检查。对铺装后整体研磨施工前的石材地面的保养期、平整度、空鼓、明裂暗裂、缺边掉角、防护效果等进行检查,是为了避免如下问题的发生:①保养期不够(导致石材空鼓现象的产生)。②平整度差过大(导致整体石材地面的平整度差)。③空鼓(容易导致石材在研磨和今后的使用中产生破裂现象)。④明裂暗裂(致使石材研磨抛光后裂痕明显)。⑤缺边掉角(研磨抛光后虽经修补,质感仍难与大面积石材协调一致,影响整体效果)。⑥防护效果不佳(石材在研磨中容易产生水斑、氧化等现象)。

(3)裁缝处理。目的是解决石材缝隙两侧的石材边缘污染问题,避免出现石材缝隙黑边问题;也可解决由于石材加工尺寸或铺装引起的缝隙不均匀问题。

(4)防渗强化处理。使风化、材质疏松的石材得到加固强化,并使石材具有防水功能,以避免石材在研磨时出现破碎、水斑等现象,同时可增加石材的耐磨度、光泽度等。

(5)嵌缝处理。以树脂基嵌缝材料对经过裁缝处理的地面石材缝隙进行嵌缝处理。一是避免在研磨时水从石材侧面渗入石材出现水斑、氧化等现象。二是避免传统水泥嵌缝黏结强度差,不具防水、防污功能,容易脱落及污染,且石材缝隙处没有光泽度,大大影响石材地面的整体效果。

(6)粗磨处理。将石材由于变形、铺装、加工等因素形成的剪口、高低不平和在施工中造成的划痕等打磨平整,并通过粗磨将孔洞污染清除,为后面的孔洞修补、细磨等工序创造条件。

(7)孔洞修补处理。使用树脂基半流体石材孔洞专用修补胶,对经粗磨后呈开放、半开放的孔洞进行密封孔洞修补处理,避免地面石材开放、半开放孔洞成为藏污纳垢之处,影响石材地面的整体效果。

(8)细磨处理。将粗磨时的磨痕、孔洞处理表面多余的修补胶去除,进一步调整研磨面的平整度,并为下道抛光工序做准备。

(9)再次修补处理。将上述工序出现的遗漏、掉胶等问题,在此道工序进行再次修补并完成。

(10)边角研磨处理。对大型机器不能完成的边角部位,使用边角专用设备或中央出水手磨机、调速机对上述部位进行研磨、抛光衔接处理。

(11)精磨处理。在粗磨、细磨地面石材平整度已基本达标的基础上,本工序主要对石材的光泽度进行研磨加工,为下道抛光工序做准备。

(12)抛光处理。在精磨的基础上,采用抛光材料将石材饰面磨抛出光亮效果,为下道结晶硬化处理工序做准备。

(13)结晶硬化处理。利用晶硬材料和设备对石材进行再次磨抛加工,以增加石材的表面硬度、耐磨度、防滑度、光泽度和耐久性,并能修补石材表面的细小划痕和鸡爪纹。

第五节　设备及材料

一、石材翻新机、石材研磨机、地坪打磨机概念的由来

随着石材行业的快速发展和石材的广泛应用,石材的天然华丽色彩得到大家的青睐,人们对石材的装饰效果也越来越重视。但早期人们对石材本身维护的认识不够、铺装工序的不完善,导致很多问题的出现,如长期踩踏、自然风化等会导致石材逐渐失去原有的光泽,降低了石材的装饰效果和使用价值,这一结果促使石材翻新、护理行业的兴起。早在 20 世纪 80 年代,意大利一些厂家已开始关注地面石材翻新机的研发。最早进入中国的重型石材翻新机也源于意大利,主要用于旧地面的打磨翻新,在中国俗称“石材翻新机”。经过机器处理后的地面,不但可以恢复石材天然的美观度,同时解决了石材的落差(剪口)问题,提高了石材装饰的整体效果。旧地面通过机器的翻新处理,效果远远高出新铺贴的地面,从此高档场所新铺设石材地面的现场打磨就成为了一道必须工序,因而原有石材翻新机的概念便与实际应用领域不再相符,于是机器制造厂家将其命名为“石材研磨机”。随着多元化的发展,许多新型的铺贴材料,如抛光砖、人造石、混凝土等地面材料也开始受到业内人士的关注。正因为这些地面材料的广泛应用,原先单一概念的只局限于石材行业的“石材研磨机”已不能满足多元化市场的需求,由此才有了“地坪打磨机”概念的出现。

二、石材研磨机械发展动向

市场的迅速发展激励着石材行业不断地研发新的技术,开发新的设备。由于意大利的一些品牌机器对员工的操作技能要求较高,机器价格昂贵又过于笨重,同时由于市场的需求大增,如果不进一步改善机械性能,原有设备将成为行业发展的瓶颈,早在 20 世纪 90 年代,国内有关机械制造厂家便开始关注石材研磨机械的研发与制造,于是诞生了我国自主知识产权的双头对转研磨机。其产品在大理石表面的研磨效果得到了较大的改善,降低了劳动强度,同时降低了员工操作的门槛,满足软质地面的大面积打磨,有效地提高了软质地面打磨的工作效率,成为 21 世纪初最主流的石材研磨机械。

但是双头对转研磨机的适应范围也有一定的局限性,它只适用于大理石类的软质地面,而对于花岗石类的硬质地面,其效率很低,很难达到理想效果。为了弥补双头对转机械的不足,国内机械制造厂家又研发出了双头对转的行星磨头机械。该机械能弥补单一的双头对转机械磨削力不足的问题,能有效地满足硬质地面的打磨需求。

双头对转的行星磨头机械结构复杂,制造成本较高,对操作人员的技术要求较高,很难适用于刚刚兴起的石材行业,无法被市场广泛接受。随着中小城市市场需求的进一步扩大,三头分配行星磨头机械及三头行星磨头机械由此诞生,其产品实用性强,性价比较高,同时可以解决硬质地面的光泽度问题,近年来已成为主流机械。

石材护理行业的不断发展、大面积施工的需求以及人工成本的增加,促使成立了很多专业的施工队伍,得以更好地满足高端专业客户的需求。为进一步提高工作效率,降低劳动强

度，由此研发出四磨头研磨机械，其操作性能稳定，效率高，并已开始得到广泛应用。

随着新兴行业的不断发展，机械的研磨不仅仅局限于高端的写字楼、酒店等，更能广泛应用于工厂地面、广场、地下车库以及商场地面施工，工业地面研磨处理需求也有所增加。为了更好地满足较大面积的施工需求，2008 年拓美公司研发出驾驶型机械。

石材研磨机械的发展，不仅是为了满足石材行业的发展，也是地坪行业发展的需求，从而对机械性能的要求也越来越高，因此加快了国内石材研磨机械的研发步伐，从而缩短了国内石材研磨机械和国外同类产品的差距。

在经济全球化的 21 世纪，随着我国石材行业和地坪行业的发展及其文化的迅速普及，在石材护理行业和地坪护理行业日益兴盛的今天，原来传统的劳动密集型作业方式已经不适应石材护理行业和地坪护理行业的发展，机械设备的一体化、高效化、智能化必将成为时代主流，为了更好地满足市场的需求，不仅要求石材达到一定的光泽度，同时也对施工区域的平整度及石材表面的清晰度有一定的要求，因此我们必须引进高端技术，加强研发力度，进一步完善机械性能。

三、施工标准与机械参数

（一）施工标准

施工标准可以简单地分为平整度、清晰度和光泽度。

（1）平整度：施工后石材表面的平整性程度，是评定施工标准的主要指标之一。

（2）清晰度：石材表面的透光性指标，清晰度越高，周围物体在其表面的投影越清晰。

（3）光泽度：石材表面对可见光的反射程度。石材表面的平整度和光滑程度越高，光泽度越好。

（二）机械参数

石材研磨机的机械参数包括打磨扩度、磨头运行方式、转速、磨头单位压力和水量的控制等。

1. 机械打磨扩度

相对来说机械的打磨扩度越大，施工地面的平整度就越高，但也正是打磨范围的增加，使得地面高低差整平的效率降低。

2. 机械磨头运行方式

机械磨头运行方式越复杂，磨削力越大，工作效率就越高。一般将机械分为行星磨头运行方式和单一磨头运行方式。

3. 机械的转速

单一磨头运行方式的机械转速一般为 300 ~ 600 r/min，行星磨头运行方式的机械转速公转一般为 300 ~ 600 r/min，自转为 800 ~ 1 200 r/min。一般情况下，机械磨头运行转速越高，相对磨削力越高，但是过高的转速会降低磨料与打磨地面的摩擦阻力，在磨头压力相对较低的情况下，会降低机械的操作稳定性，同时也降低了施工标准。转速的选择不仅取决于磨料的配备，同时还取决于磨头的单位压力、施工的工序以及水量的控制。

4. 机械磨头单位压力

机械磨头单位压力增大，相对工作效率及整平效率就会提高。但是过大的压力会导致机械输出的功率增加，加快电机的损坏，机器的使用寿命缩短，同时还会加快磨料的损耗。

过软的地面施工,较大的磨头压力,切削力的增加,若此时机械又不能匀速运行,将会降低施工的平整度。

5. 水量的控制

一般施工现场机械运行分为干磨和水磨,这主要取决于施工的地面。在石材研磨的过程中,水可以起到润滑、排屑以及降温等作用。对于一些花岗岩类的硬质地面的打磨,随着打磨工序的改变,水量也要及时地予以控制。地面打磨温度会直接影响打磨的光度。

四、石材研磨设备

(一)圆盘机

圆盘机(见图 5-1)是在三合一清洗机的基础上改造而成的,一般机械采用单相 AC 220 V 电压,功率 1.5 ~4 HP(1 HP =735.499 W),机械转速 150 ~290 r/min ,适合于小面积、地面平整区域、材质均匀、硬度低的石材地面整体研磨、翻新施工。

图 5-1　圆盘机

优点:设备自重轻、易于搬运、造价低、使用范围广泛(可用于研磨、清洗、抛光、晶硬化处理)。

缺点:由于自重轻、转速低,因而磨削度差,不能有效地去除石材地面的剪口;对材质不均匀的石材研磨后,会产生鱼鳞斑;由于没有支撑轮,对所施工面的平整度难以控制。

(二)双头对转式研磨机

双头对转式研磨机(见图 5-2)采用三相 AC 380 V 电压,功率 7 ~15 HP,机械转速 150 ~290 r/min,可配备三爪对转行星磨头,磨头最大公转转速 600 r/min,最大自转转速 1 800 r/min。

图 5-2　双头对转式研磨机

一般机械都配备变频调速装置,主要功能是可以调整磨头运行速度,不同的打磨工序应采用不同的转速,同时变频装置还具有软启动的功能以及对机器的保护功能,软启动不但可以提高机器的使用寿命,同时还会避免机器启动过程中石材温升过快,使石材受到损坏。

优点:机械在打磨过程中,两磨头的打磨牵引力可以相互抵消,机械操作相对轻松平稳。双磨头交叉打磨还可以避免两磨头之间的打磨盲区,同时由于两个磨头运行,扩度增加,也会提高施工的平整度,满足软质地面的大面积打磨,有效地提高软质地面打磨的工作效率。

缺点:机械磨头采用对转运行方式,相比行星磨头磨削性差,针对花岗岩类的硬质地面效率很低,若配备行星磨头,其机械制造成本较高。

(三)三头分配行星磨头研磨机

三头分配行星磨头研磨机(见图 5-3)采用三相 AC 380 V 电压及单相 AC 220 V 电压,功率 5 ~15 HP,机械公转最大转速 500 r/min,最大自转转速 700 r/min。三头分配行星磨头研磨机的特点是机械的公转与自转会通过地面的摩擦系数调整转速比,降低机械的功率输出,提高机械的使用范围。

优点:相比双头对转式研磨机打磨的磨削力加大,对花岗岩类硬质地面有较好的出光效果,同时机械的综合能力较强,通过调整磨头压力可用于抛光及表面处理。

缺点:分配式行星磨头公转与自转的磨削牵引力不能完全相互抵消,导致机械在软质地面操作困难,加大劳动强度。

图 5-3　三头分配行星磨头研磨机

(四)三头行星磨头研磨机

三头行星磨头研磨机(见图 5-4)采用三相 AC 380 V 电压,功率7.5 ~ 15 HP,机器公转最大转速 400 r/min,最大自转转速 1 500 r/min ,三头行星磨头研磨机的特点是磨头公转与自转为固定转速比,机械打磨的磨削力加大。

优点:机械配备功率较大、打磨扩度大、磨削力大,满足大面积施工需求,配备真空吸尘孔可用于干磨,减小石材病变概率及加大机械施工范围。

缺点:三头行星磨头研磨机的磨头自转和公转之间的转速比不能够相互调整,导致在软质地面操作机械牵引力较大,加大劳动强度及减小机械使用范围。

图 5-4　三头行星磨头研磨机

(五)四磨头地坪研磨机

四磨头地坪研磨机(见图 5-5)最主要的特点是机械在打磨过程中,四磨头交叉打磨,磨盘纵向和横向牵引力可以相互抵消,四磨头交叉打磨还可以避免四磨头之间的打磨盲区。

优点:机械操作特别轻松平稳,机械打磨扩度较大,有效提高了施工的平整度,满足了大面积施工需求,配备真空吸尘孔可用于干磨,减小石材病变概率及加大机械施工范围。

缺点:由于机械磨头采用非行星设计,为了满足硬质地面的需求,提高机械磨削力,机械磨头单位压力相对有所增大,机械自重相对加大,搬运不便。

图 5-5　四磨头地坪研磨机

(六)驾驶式研磨机

驾驶式研磨机(见图 5-6)最主要的特点是机械在使用中行走速度及方向通过机械摇杆控制,机械更换磨料采用电动液压控制,有效降低了劳动强度,提高了施工标准,减少了磨料损耗、机械打磨扩度、功率,自重较大,相对机械磨头压力增大, 扭力大,线性磨削性能优异。

优点：磨削性能优异，操作中行走速度均匀，磨料损耗及施工平整度得到有效控制，机器自动化性能优异，大大降低了劳动强度，满足了大面积施工需求，配备真空吸尘孔，可用于干磨。

缺点：机械自重大，搬运及装卸不方便，仅适用于大面积施工。

图 5-6 驾驶式研磨机

（七）桥式磨机

桥式磨机（见图 5-7）来源于意大利，主转动采用皮带传动，机械采用三相 AC 380 V 电压，功率 7.5 HP，机械转速 380 r/min，可配备行星磨头，行星磨头自转可达到 1 200 r/min。

优点：扭力大、线性磨削性能优异，对花岗石、超微粉通体砖、高强度等级混凝土等硬质地面的整平研磨效率高，平整度好。适用磨具范围广，设备耐用性好。

缺点：对于整平研磨后的研磨、抛光效率不如三头、四头分配行星磨头式研磨设备，操作费力，体积大、自重大、搬运不方便，设备及配套电箱电缆造价高。

图 5-7 桥式磨机

五、磨具磨料

（一）磨具

磨具是用以磨削、研磨和抛光的工具，大部分的磨具是用磨料加上结合剂制成的人造磨具，也有天然矿物直接加工成的天然磨具，如油石。磨具除在石材、陶瓷、玻璃等非金属材料加工中被广泛应用外，还用于机械制造和其他金属加工工业。磨具在使用过程中，当磨粒磨钝时，由于磨粒自身部分碎裂或结合剂断裂，磨粒从磨具上局部或完全脱落，而磨具工作面上的磨料不断出现新的切削刃口，或不断露出新的锋利磨粒，使磨具在一定时间内能保持磨削性能。磨具的这种自锐性，是磨具与一般刀具相比突出的特点。

磨具按原料来源分为天然磨具和人造磨具两类。机械工业中常用的天然磨具只有油石。人造磨具按基本形状和结构特征区分，有砂轮、磨头、油石、砂瓦（以上统称固结磨具）和涂附磨具五类。此外，习惯上也把研磨剂列为磨具的一类。固结磨具按所用磨料的不同，可分为普通磨料固结磨具和超硬磨料固结磨具。前者用刚玉和碳化硅等普通磨料制成，后者用金刚石和立方氮化硼等超硬磨料制成。此外，还有一些特殊品种，如烧结刚玉磨具等。普通磨料固结磨具是由结合剂将普通磨料固结成一定形状，并具有一定强度的磨具。它一般由磨料、结合剂和气孔构成，这三部分常称为固结磨具的三要素。磨料在磨具中起磨削作用，结合剂是把松散的磨料固结成磨具的材料，有无机的和有机的两类。无机结合剂有陶瓷、菱苦土和硅酸钠等，有机的有树脂、橡胶和虫胶等，其中最常用的是菱苦土、树脂和金属结合剂。气孔内还可以浸渍某些填充剂，如白矾和石蜡等，以改善磨具的使用性能。这种填充剂，也被称为磨具的第四要素。

磨具的硬度与其动弹性模量具有对应关系，这有利于用音频法测定磨具的动弹性模量来表示磨具的硬度。在磨削加工中，若被磨工件的材质硬度高，一般选用硬度低的磨具，反之则选用硬度高的磨具。磨具组织粗分为紧密、中等和疏松三类，每类又可再细分数等。组织号越大，磨料在磨具中所占的体积百分率越小，磨粒之间的间隙越宽，表示组织越松；反之，组织号越小，表示组织越紧。较松组织的磨具使用时不易钝化，在磨削过程中发热少，能减少工件的发热变形和烧伤；较紧组织的磨具磨粒不易脱落，有利于保持磨具的几何形状。磨具的组织只在制造时按磨具配方予以控制，一般不作测定。超硬磨料固结磨具主要是由金刚石、立方氮化硼等与结合剂固结，与普通磨料固结磨具不同，除超硬磨料层外，还有基体和过渡层。超硬磨料层是起切削、磨削作用的部分，由超硬磨料和结合剂组成；基体是在磨削中起支托作用的，由金属、电木或陶瓷等材料组成；过渡层用于连接基体和超硬磨料层，由结合剂构成，有时也可省去。常用的结合剂有树脂、金属、电镀金属和陶瓷等。

（二）磨料

石材研磨、抛光磨具使用的磨料主要有普通磨料白刚玉、黑碳化硅、绿碳化硅和金刚石等。白刚玉显微硬度 2 200 ~ 2 300 kg/mm^2，黑碳化硅显微硬度 3 100 ~ 3 300 kg/mm^2，绿碳化硅显微硬度 3 200 ~ 3 340 kg/mm^2，金刚石显微硬度 8 000 ~ 10 000 kg/mm^2。粒度号为 $4^{\#}$ ~ W0.5（甚至更细）。

从硬度的顺序可以排序出加工花岗石的是金刚石、绿碳化硅、黑碳化硅，加工大理石的是绿碳化硅、黑碳化硅（硬的）、白刚玉（软的）。从材料的成本分析依次是金刚石、绿碳化硅、黑碳化硅、白刚玉。

（三）用于石材研磨抛光的磨具

（1）菱苦土磨块：由碳化硅磨料与氧化镁、氯化镁聚合而成，以绿碳化硅为好。粒度号一般为 $36^{\#}$ ~ 1 $200^{\#}$，所制磨块的硬度也从硬到软。它的特点是成本低、自锐性好、加工适应性强，可以加工花岗石、大理石、人造石、陶瓷砖等，但加工效率低，磨头工作时需要较大的压力，是常规的研磨工具。这种磨具若采取自然干燥法生产，需放置 30 d 以上使用。但存放周期超过一年以后，各种性能会有所变化，如自锐性、硬度等，有些还会产生开裂现象。

（2）碳化硅树脂磨块：由碳化硅磨料与树脂混合固结而成，有用酚醛树脂压制类，有与液体树脂混合以后进行浇筑类，主要应用于精磨。压制类的特点是耐用性好，磨削时的浸润性好，特别是加工大理石时，磨抛的光度好，效率也比较高，但用于浅色石材研磨时，容易着色，且成本会高些，这是其不能大范围推广使用的主要原因。浇筑类磨块是花岗石、水磨石、混凝土磨抛的主要磨具。

（3）陶瓷磨块：由碳化硅磨料与玻璃质相混合，经高温烧结而成，特点是耐用性好，但容易堵塞，发生磨削打滑现象，成本也高，因此现在使用得比较少。

（4）金属结合剂磨盘：由金刚石与金属粉末相混合，经烧结而成，特点是加工效率高，加工效果好。一般从 $50^{\#}$ 起磨，对 $50^{\#}$ 以下粗粒度的要谨慎使用，否则导致较粗划痕，后面的工序就很难达到理想效果。另外，用到的最细粒度也不应超过 $400^{\#}$，因为这种工具用于大磨削量的修整粗糙面或整平剪口，是最有效的工具。虽然材料成本高一些，但是其加工的高效性是普通磨具所无法比拟的。

（5）树脂结合剂磨盘：由金刚石单晶、微粉与树脂固结而成。特点是成本比金属结合剂的要低，加工效率高，主要用于石材的精细研磨、抛光，是金属磨盘磨平后的延续磨抛工具，成本适中。

(6)金刚石软、硬磨片：是近年用于地面整体研磨的新型磨具,其磨削性、轻便性、软硬兼顾性较好,可提供50# ~3 000#的粒度以及抛光片。由于这种磨片采用金刚石作为磨料,磨削度好,效率高,可在短时间内完成一定的磨削量,所以在研磨材质不均匀的石材时,能有效地保护石材的软质部分,避免出现鱼鳞斑现象。它既可采用旋扣又可采用尼龙粘扣的方式进行连接,操作方便,适用性强。此种磨具今后的使用及推广会有广阔的前景。

(四)金刚石磨块(片)在石材整体研磨、翻新行业中的应用

1.金刚石磨块(片)分类

金刚石磨块(片)有金属结合剂磨块和树脂结合剂磨块两种。金属结合剂磨块(片)是由金属粉末,如钢粉、铁料、镍粉、钴粉以及锡粉等和金刚石粉在一定温度和压力下烧结而成的。

树脂结合剂磨块(片)是由酚醛树脂、聚酰亚胺树脂、环氧树脂和金刚石粉及其他一些辅助材料在一定温度或常温下,利用树脂的热固性固化而成的。

2.金刚石磨块(片)的主要特点

寿命长、磨削速度快、效力高、加工光度高,是使用最广泛的磨削工具。

3.金刚石磨块(片)在石材整体研磨、翻新行业的应用

(1)常用粒度为30#、50#、100#、200#、400#、600#、800#、1 000#、1 500#、3 000#等,一般是从粗到细,逐级选用磨片进行磨削和抛光。根据不同石材的要求,金刚石磨块(片)中的各种原材料也就不同,如金刚石粉的含量(也叫张度)以及其辅助材料的不同,结合在一起,通常称做配方。

(2)金属结合剂磨块(片)粒度一般是30#、50#、100#,常用于粗磨或修剪口,效力高、速度快,但磨痕较深。一般在使用中机械的压力不宜太大,推机速度不要太快。

(3)树脂结合剂磨块(片)粒度一般是50#、100#、200#、400#、800#、1 500#、3 000#、5 000#或更高,根据不同的抛光要求选用。一般树脂结合剂磨块磨削后,具有磨痕较为平滑,容易出光等。

(4)根据石材的分类,金刚石磨块(片)也可分为花岗石磨块(片)和大理石磨块(片)。一般来讲,大理石磨块(片)较容易磨削和抛光。花岗石磨块(片)由于硬度较大,较难磨削和抛光。还有一些特殊的石材,如黑色系列石材容易退色;红色花岗石(如印度红、南非红等)硬度大,难以磨抛;某些大花绿石材、雅士白系列以及金碧辉煌系列等难以抛光等。针对这些石材,要选用针对性的磨块(片)进行磨抛,以便达到理想的磨抛效果。

(5)金刚石磨块(片)可以制造成柔性磨块(片)和刚性磨块(片),根据不同的研磨抛光需要 ,一般在石材整体研磨时建议在400#以下,如30#、50#、100#、200#、400#采用刚性磨片(也就是硬磨片),600#、800#、1 000#、1 500#、2 000#、3 000#采用柔性磨片。这样既可以使石材的平整度非常好,又可达到很好的抛光效果。

(6)机械转速与压力：对于抛光来讲,特别是对于800#、1 500#、2 000#、3 000#等目数的磨片,机械转速越高,抛光效果越好,上光速度越快,压力也应相应加大一些。

(7)水量的控制：越到高目数抛光,水量就越小。到1 500#、3 000#或以上的抛光目数,近乎于干抛,致使石材表面发热,这样抛光才能有效果,光度才可以提高。

金刚石磨块根据工作状态分为干磨和湿磨,比较广泛的是湿磨(即加水磨)。但是比较特殊的地方及材料,还需要采用干磨的方式,如墙面、洞石、混凝土等。

六、嵌缝材料

(一)水泥基嵌缝材料

水泥基嵌缝材料由水泥、石英砂和高分子聚合物组成,具有一定的防水、抗污染能力,是一种近几年来开始普及的水泥干粉制品。其优点是成本低、操作简单、具有一定的防污功能,适用于卫生间瓷砖墙面;缺点是不具有可抛光性、色泽单一、防污性能及黏结力一般,不适用于石材抛光地面。CG 类水泥基填缝剂的技术要求、RG 类反应型树脂基填缝剂的技术要求分别见表 5-1、表 5-2。

表 5-1　CG 类水泥基填缝剂的技术要求

水泥基填缝剂	性能	要求	试验方法
普通型水泥基填缝剂 CG1	耐磨损性	≤2 000 mm^3	JC/T 1004 中 7.5
	标准养护条件下 28 d 抗折强度	≥2.5 N/mm^2	JC/T 1004 中 7.2
	冻融循环后的抗折强度	≥2.5 N/mm^2	JC/T 1004 中 7.2
	标准养护条件下 28 d 抗压强度	≥15 N/mm^2	JC/T 1004 中 7.2
	冻融循环后的抗压强度	≥15 N/mm^2	JC/T 1004 中 7.2
	28 d 线性收缩值	≤3 mm/m	JC/T 1004 中 7.4
	30 min 吸水量	≤5.0 g	JC/T 1004 中 7.3
	240 min 吸水量	≤10.0 g	JC/T 1004 中 7.3
快硬性水泥基填缝剂	标准养护条件下 24 h 抗压强度	≥15 N/mm^2	JC/T 1004 中 7.2
	其他要求与对 CG1 相同		
增强型水泥基填缝剂 CG2 的附加性能	耐磨损性	≤1 000 mm^3	JC/T 1004 中 7.5
	30 min 吸水量	≤2.0 g	JC/T 1004 中 7.3
	240 min 吸水量	≤5.0 g	JC/T 1004 中 7.3

表 5-2　RG 类反应型树脂基填缝剂的技术要求

树脂基填缝剂	性能	要求	试验方法
增强型填缝剂 RG2	耐磨损性	≤250 mm^3	JC/T 1004 中 7.5
	标准养护条件下 28 d 抗折强度	≥30 N/mm^2	JC/T 1004 中 7.2
	标准养护条件下 28 d 抗压强度	≥45 N/mm^2	JC/T 1004 中 7.2
	28 d 线性收缩值	≤1.5 mm/m	JC/T 1004 中 7.4
	240 min 吸水量	≤0.1 g	JC/T 1004 中 7.3

(二)树脂基嵌缝材料

树脂基嵌缝材料由树脂及添加剂组成,分为不饱和树脂和环氧树脂两类。不饱和树脂的优点是可磨抛性强、色泽丰富、黏结力适中、防污性能适中、施工速度快、普及率高,缺点是操作比水泥基嵌缝材料复杂、品牌众多、产品质量参差不齐、成本较水泥基高。环氧树脂的优点是胶膜硬、耐磨性好、黏结力强、收缩性小、抗老化性好、防污性强，缺点是固化时间长、成本高。

第六节　施工工艺与验收

一、施工工艺

（一）施工前的成品保护

（1）检查成品状况并登记形成文件，上报建设方监理及现场负责人，发现问题时应由建设方现场负责人签字确认。

（2）用 50 cm 保护膜对需要打磨的地面石材周边的物体进行成品保护，以防施工时周边的物体受到污染及装饰成品受到损坏。

（3）需要做保护的部位有扶梯、木制品、玻璃、涂料墙面及公共区域的装饰品。

（4）若有特殊需要做遮挡部位，还需做特殊硬质遮挡对成品加以保护。

（5）日常的成品保护由多方监督执行，施工方若发现有非施工方人员破坏成品，有责任汇报给建设方。

（二）施工前对已铺装石材地面的检查

（1）对施工后的石材地面的保养期、平整度、空鼓、明裂暗裂、缺边掉角、防护效果等进行检查。

（2）发现有上述问题的要在施工图（排砖图）上标明，形成文字文件发给相关方，并在研磨前由相关方责成有关方进行整改。

（3）整改后施工方进行消项检查，直至没有上述问题存在。

（三）对地面石材的裁缝处理

（1）对地面整体石材的缝隙进行裁缝，使用石材切割机配超薄型裁缝切片（1 mm 以下）进行裁缝处理。

（2）裁缝处理时，用水进行冷却，避免干切时切片与石材之间摩擦产生高温，造成石材崩边的现象。

（四）地面石材的防护处理

（1）首先对石材地面作清洁处理，待清洁干净的石材表面干燥后，方可进行下一步石材防护处理。

（2）使用有机硅类石材防护剂对石材表面进行第一遍涂刷，20 ~ 30 min 后在此基础上再进行第二遍防护处理。

（3）被防护处理过的石材地面，在养护 24 h 后（养护期间石材表面不得遇水及其他污染），方可进行其他施工处理。

防护处理主要是避免石材在打磨的时候出现严重的水斑现象，并对今后的保养起着至关重要的作用。

（五）对石材地面进行嵌缝处理

（1）用刀具先将石材缝隙处混凝土浆等清除，然后用毛刷、吸尘器等将粉尘彻底清理干净。

(2)用石材专用嵌缝剂对石材缝隙进行嵌缝处理,嵌缝时应填满、压实。

(3)这道工序主要起如下作用:防止石材研磨时水浆从缝隙处渗入,缝隙处的光泽度与石材基本一致,缝隙处的颜色与石材基本一致,缝隙处具有优异的牢固性和抗污染性能力,突出体现石材地面的整体效果;为业主今后的使用和保养打下坚实的基础。

(六)地面石材的粗磨

(1)使用石材研磨机,配菱苦土磨块(或树脂硬片)的46#、60#对地面石材进行粗磨处理。

(2)粗磨使整个被打磨石材的剪口、高低差、划痕及变形现象完全消除。

(七)地面石材的细磨

(1)使用120#、220#中度金刚砂颗粒的菱苦土磨块(或树脂硬片)对粗磨后的石材进行打磨,以消除粗磨留下的痕迹。

(2)用400#、800#的菱苦土磨块(或树脂磨片)进行打磨,以消除120#、220#打磨的痕迹,石材出现明显光泽度,此时石材慢慢恢复原来的颜色。

(八)再次修补处理

(1)待研磨后的石材完全干燥(24 h)后,方可进行二次修补处理。

(2)使用石材专用修补、嵌缝剂,对研磨后缝隙出现不饱满或脱落的区域进行二次修补,使缝隙及崩边掉角处达到平整、饱满的效果。

(九)边角处理

(1)使用专用收边机或中央出水手持研磨机,对大型设备不能磨到的边角进行研磨处理。最好使用专用收边设备,既可保证质量又可提高效率。

(2)边角的研磨工序、质量按上述粗磨、细磨要求执行,注意预留衔接量。

(十)地面石材的抛光

(1)使用1 200#的抛光树脂磨块(或1 000#、2 000#、3 000#精磨片)对细磨后的地面石材进行打磨抛光处理,石材进一步提高光洁度。

(2)用树脂磨块最后一个抛光目10LG(或抛光片)对石材进行最后一道抛光处理,将地面石材抛至高光效果且使打磨抛光后的石材达到石材出厂时的色泽。

(十一)地面石材水晶加硬处理

(1)待研磨抛光处理后的地面石材表层完全干燥后,方可进行晶硬处理。使用55 kg以上晶面机或抛光机辅以钢丝棉或百洁垫配合晶硬剂对地面石材进行结晶硬化处理。

(2)现在市售的晶硬剂分为双组分型产品和二合一型产品。双组分型产品有加硬剂和加光剂,进行石材结晶硬化处理时首先要用加硬剂做基底,将加硬剂喷在石材上,用晶面机或抛光机打磨均匀,直到石材表面干净透彻为止;再用加光剂进行加光处理,将加光剂喷在石材上,用晶面机打磨均匀,直到石材表面干净透彻为止。若使用二合一型产品,则只需将晶硬剂均匀地喷洒在石材表面上,用晶面机或抛光机辅以钢丝棉或百洁垫均匀打磨至光亮即可。

(3)反复使用以上方法对地面石材进行5~6遍结晶硬化处理,直至石材表层有一层结晶层。结晶硬化后的结晶层有一定的密封性,能够增强石材的耐磨度、防滑度及增加石材的光泽度,且为日后的保养工作打下坚实的基础。

(十二)拆除成品保护、清场

(1)将成品保护分步拆除,拆除时应检查成品保护状况,并报甲方验收。

(2)将垃圾装袋运至垃圾堆放处，不得随意堆倒。

(3)将所有设备、材料等物品撤至仓库码放整齐，特别保管。

(十三)报验及消项

(1)根据施工进度安排进行分段、分区验收，报验以书面的形式向甲方提出。

(2)报验时应以石材排砖图为基础，标明不合格之处以及类别，为消项提供准确的依据，由相关方签字确认，以便消项工作的准确及时。

(3)消项工作以报验时经签字确认的排砖图为依据，及时认真地进行消项处理，使消项点达到合格状态。

(4)消项后及时向甲方提交书面形式的消项验收申请，相关方应根据经签字确认的排砖图进行消项验收，验收合格后需签字确认。

第七节　施工注意事项

一、成品保护

应对易污染、易破碎的成品重点保护，尤其是在木制品、金属制品的软保护方面和玻璃制品的硬保护方面。软保护方面应随时注意与地面相接部位不要松开，以免发生渗水现象。硬保护方面应注意保护材料的硬度、厚度，以防止设备、磨料将玻璃等制品碰坏的事情发生。

二、研磨前的石材防护

在大面积研磨施工前，通过样板施工应确认石材在铺装前是否进行过石材防护处理及防护效果，若防护效果不理想，应在了解前期所用防护材料的前提下，进行二次防护处理，以免由于整体研磨而产生水斑等病变。

三、嵌缝材料的选择

应注意嵌缝材料的选择，尤其是冬季施工，避免因嵌缝材料质量、可施工性等因素致使石材受到污染。

四、研磨设备与磨具的匹配

磨具的磨削能力、抛光效果与磨具的压力、转速、走速等因素密切相关，每种研磨设备对磨具的压力、设备设定的转速都会有差别，操作设备人员所掌握的设备走速更是千差万别。这就要求磨具与设备配套使用，并要求磨具在走速方面的工作宽容度高，这样才能保证施工质量。

五、研磨各道工序间的匹配

研磨、抛光需几道研磨工序，应根据石材品种、所用设备、磨料和质量要求而定。但每道研磨工序间的衔接应合理，目数间隔过大，不能有效地将上道磨痕覆盖，会有磨痕存在；目数间隔过小，则工作效率低。

六、石材结晶硬化应具备的条件

被结晶硬化的石材一定要具备三个条件：一是石材要干燥，二是石材表面要有一定的光泽度，三是不能存在交叉施工。

石材不干燥，结晶硬化处理会阻碍石材内部水分的挥发，轻者石材结晶硬化效果不理想，光泽度无法提高，石材表面会产生一层雾状物，重者可能导致石材病症发生。

虽然现在有些石材结晶硬化产品能将石材表面的光泽度从二十几度提高到六十几度，但光泽度的耐久性不如研磨抛光出的光泽度，所以结晶硬化最好在60度左右的石材表面进行，即便结晶硬化层失效，石材表面光泽度还有60度，在此基础上再进行石材表面结晶硬化处理，会简单容易，节省资金。

在石材防护、裁缝嵌缝、粗磨细磨等施工阶段，可进行交叉施工，但到了结晶硬化的最后阶段，由于此工序不能消除划痕等外力对石材表面的破坏，若发生石材表面划痕现象，必须从粗磨工序重新施工，所以此工序不能交叉施工，应在精确保洁后进行。

第八节　郑州国际会展中心石材地面整体研磨工程案例分析

一、项目简介

郑州国际会展中心地面石材铺装施工前，业主项目部组织各参建单位的有关人员对国内的类似项目进行了大量的考察。在考察中，石材普遍存在的剪口、水斑、黄斑、缝隙污染等质量通病引起了他们的高度重视，考察结束后立即指示有关部门组织有关方面的专家进行研讨，制订避免石材质量通病的施工方案及控制措施。项目部最后决定为保证石材铺装质量最终达到国内一流水平，必须从石材质量源头抓起，对石材加工、防护、铺装、养护等环节层层把关，并针对郑州国际会展中心约30 000 m^2 公共空间部分的地面石材铺装，在最后环节采用国内当时最先进且成熟的整体研磨施工技术。郑州国际会展中心公共区域地面石材主要选用福建产珍珠白花岗石，会展部分面积约20 000 m^2，会议部分面积约10 000 m^2。

二、项目要求

通过采用石材地面整体研磨施工，消除石材地面的剪口、缝隙污染等质量通病，地面石材表面光泽度、清晰度达到石材出厂标准。

三、石材整体研磨施工工艺流程制订

针对甲方提出的经过石材整体研磨技术处理过的石材地面，不能存在剪口、二次水斑、油斑、黄斑、缝隙污染等质量通病，且整体研磨后的石材光泽度、清晰度等指标达到石材出厂标准，在此基础上还要保证工期，保证废水不倒入馆内的任何下水口等要求。为保证施工总体方案的实施效果，也针对郑州国际会展中心地面石材的实际情况，对标准的施工工艺流程进行优化再造，增加了施工前对已铺装石材地面的检查项目。通过样板施工，调整石材抛光程序，增加一道抛光工序。制订出如下施工工艺流程：施工前对已铺装石材地面的检查→成品保护→裁缝处理→防渗、强化处理→修补、嵌缝处理→粗磨施工→病症治理→细磨施工→局部再次修补处理→精磨施工→抛光处理→结晶硬化处理→拆除成品保护→清场。

四、研磨设备及材料

根据郑州国际会展中心地面石材单位面积大、密度大、硬度大的特点及该项目对石材地

面整体平整度要求高等，在研磨方面该项目安排了大型意大利进口桥式研磨设备12台：其中大型双头研磨设备3台，大型单头研磨设备9台；10台设备投入实际施工，2台维修备用。在结晶硬化方面安排10台结晶硬化设备：其中意大利设备4台，西班牙设备6台；8台投入日常施工，2台维修备用。上述合理充分的设备配备，为后来的施工流水作业提供了充分的设备保障。

在研磨材料方面，为保证研磨质量及当时国产磨料的质量限制，选用意大利进口专用菱苦土及树脂磨块，最后抛光材料也全部采用意大利进口材料。

在裁缝方面，为保障裁缝缝隙控制在1 mm内，专门定制片基为0.5 mm的超薄裁缝片，以使裁缝宽度控制在1 mm以内。

在嵌缝材料方面，为保障缝隙材料的黏结性、抗污染性和可抛光性，选用意大利合资企业生产的嵌缝材料。为保障石材缝隙颜色一致，专门在工厂对全部用胶进行统一配色。

五、施工控制

（1）为了在保证质量的前提下，发挥大面积施工、大型研磨设备以及大规模施工的优势，在国内首次采用各工序流水作业的施工方法。这样既有利于各工序对本工序的质量掌控，又可大大提高施工效率。

（2）每道工序采取机台长自检、班（组）检验和质检员检验的三级检验制度，保证及时检验及时整改，避免多工序返工现象。

（3）每天上班前和下班后及时总结当天的情况，及时采取措施，调整施工计划。

（4）制订每台设备专人负责制，每天检验维护，对设备的异常现象及时检修，并配备专业维修人员和备用设备，避免因设备损坏延误工期。

（5）为员工宿舍、施工现场配备空调和风机降温，防止因高温施工出现大量减员现象导致的工期延误。

（6）对石材防护剂、裁缝切片、嵌缝材料、磨料及结晶硬化剂等重要材料的质量严格把关、统一进货，且保证及时供应，避免因材料因素影响施工质量及工期。

六、研磨前后效果对比

郑州国际会展中心工程的地面石材整体研磨，通过选用意大利进口桥式研磨设备、意大利进口优质磨料、西班牙生产的结晶硬化剂等，解决了剪口处平整度、研磨光泽度、结晶硬化后的清晰度等问题，避免了本行业常见的剪口处凸凹不平、研磨光泽度低、结晶硬化后清晰度差等质量通病。另外，通过大量配备技术工人、桥式研磨设备，实现了大体量石材整体研磨流水作业，提高了研磨质量和施工速度。通过嵌缝材料一次性工厂化配色，保证了石材嵌缝材料色泽与石材地面的协调性和统一性。研磨前后有关指标对比见表5-3。

全部使用意大利进口研磨设备及研磨材料，采用9道研磨工艺，保证研磨的平整度、光泽度、清晰度和耐久度，地面石材研磨后的装饰效果明显提高。

七、项目后评价

郑州国际会展中心项目的石材整体研磨施工是非常成功的，其成功体现在如下几个方

表 5-3　研磨前后有关指标对比

指标	研磨前	研磨后
剪口平整度	0 ~ 3 mm	0
整体平整度	0 ~ 3 mm	0 ~ 0.5 mm
光泽度	70 ~ 79 度	88 ~ 96 度
缝隙处抗污染能力	易被污染	不易污染
缝隙处光泽度	无	高光
缝隙处与石材颜色协调性	不协调	协调一致

面：一是接缝处平整度的误差为零且没有凸状现象，两米检测尺检测 90% 的检测点小于 0.5 mm，其余 10% 的检测点都能控制在 0.6 mm 以内，该检测结果高于后来颁布的国家行业标准和北京市地方标准；二是嵌缝方面，利用计算机辅助配色且一次完成配色，使嵌缝材料与石材的色泽相协调，保证嵌缝材料本身颜色一致，这在当时国内是首创；三是光泽度方面，整体研磨后测光表检测 98% 超过 78 度，最低度数也能达到 75 度，结晶硬化后测光表检测 100% 超过 88 度，此检测结果也高于后来颁布的国家行业标准和北京市地方标准；四是清晰度方面，由于革新了研磨工艺，增加了研磨、抛光道数，选用的意大利进口优质磨料的磨削度好，且磨料目数、道数匹配合理，使石材表面研磨得细腻，抛光后的清晰度就好，经打点检测 100% 合格。当然，郑州国际会展中心工程在超大面积地面石材的花形、色差方面控制得很好，石材防护效果比较理想，没有出现大面积水斑、空鼓、返碱、黄斑等质量通病，这两方面的成果也为石材整体研磨技术的实施提供了很好的基础。

第六章　石材的日常护理

第一节　石材的日常护理

一、石材日常护理的意义

建筑装饰石材的大量使用，是伴随我国改革开放以来大量建筑工程而发展的。建筑工程的交付使用也是装饰石材日常保养的开始。亮丽高贵的石材是一座建筑品质的体现。装饰石材经常应用于建筑的大堂、电梯间、重点梯层等公共部位。因此，石材的装饰效果是非常重要的，而这种装饰效果的延续，石材日常护理是必不可少的。应当说所有装饰石材在使用过程中都必须进行日常护理。只是由于石材的使用环境、石材品种的不同，日常护理的周期不同。

石材日常护理的意义在于它可以延续石材装饰效果，延长石材的使用寿命，使石材的使用做到安全、绿色环保、节约资源。

二、装饰石材的主要功能

装饰石材的主要功能包括装饰性、使用性和封闭性。

石材的装饰性是指石材的使用能使建筑景观环境得到美化，提升了建筑的品质。由于装饰石材的颜色、纹理非常绚丽，因此它的装饰性是现在其他装饰材料无法替代的。国家酒店星级评定标准对石材的使用量、使用部位有明确的要求。

石材的使用性是指石材使用在不同的部位，发挥不同的使用功能。石材使用在大厅地面，可以供人员行走；石材使用在室外地面、广场车道，可以供人员、车辆通行；石材使用在墙面，可以供装饰物张挂。

石材的封闭性是指石材作为墙体材料，可以起到分割封闭空间的作用，同时也起到隔声的效果。

三、装饰石材日常护理的内容

石材的装饰性决定了对其日常护理的要求。石材的使用性决定了对其日常护理的内容。

石材主要应用于建筑物的墙面和地面，同时它又有室内、室外的区别。

建筑外墙面的护理内容包括定期清洗，定期防护，石材返黄、密封胶印痕等石材病变的治理。

室外地面石材日常护理的内容包括定期清洗，机油及污染物的防护，石材防滑处理及石材油迹、水泥残渣、车辆轮胎印迹和其他污染的清洗，石材病变的治理。

内墙面的日常护理内容包括定期清洗防护，结晶护理及石材返黄、返碱、水斑、粘胶印痕等病变治理,石材在受到外界冲击时造成的断裂、掉角的修复也是日常护理的工作内容。

室内地面是日常护理的主要内容,室内地面石材的装饰效果要求高,受到外界污染、外界损伤的机会大,石材被磨损表面光泽度下降快。由于室内地面石材一般采用湿法粘贴,发生石材病变的机会大,因此室内地面石材是日常护理的重要方面。它的护理内容包括日常推尘保洁,结晶护理,石材病变治理,石材断裂、崩边、掉角的修复等。

第二节　日常护理中的石材病变

我们知道,石材病变可能出现在石材的生产、加工、运输、施工、使用等各个环节中。石材在日常使用中由于受到使用环境、石材硬度、石材施工技术及石材施工前防护技术的影响,会出现表面光泽度下降、断裂、崩边、掉角、水斑、白华、返锈及各种污染等石材病变。尤其地面石材在日常使用中由于人员接触时间较长,可能接触的污染源较多,出现石材病变的机会就会更多。

一、日常使用中石材表面光泽度受到的多方面影响

(一)石材硬度

石材品种不同,石材内部的化学成分就不同,它的硬度也不同。同一类型的石材也会有较大的差异。一般情况下,花岗石的硬度高于大理石的硬度,硬度越高耐磨性越好,耐磨性越好石材表面光泽度下降越慢,通过检测或查找石材硬度值就可判定石材表面光泽度下降的情况。

表 6-1、表 6-2 分别是国产常用石材、进口常用石材的硬度值。

表 6-1　国产常用石材硬度

石材名称	产地	肖氏硬度(HSD)	石材名称	产地	肖氏硬度(HSD)
白塔沟丰镇黑	内蒙古	93	房山石窝汉白玉	北京	49
吉林白	吉林	113	莱州雪花白	山东	50
泉州白	福建	104	通山黑白根	湖北	64
莱州樱花红	山东	104	贵州木纹米黄	贵州	51
安溪红	福建	104	汉中雪花白	陕西	48
罗源樱花红	福建	110	陕西大花绿	陕西	66
罗源红	福建	110	锈石	福建	100
新疆红	新疆	108	莱州芝麻白	山东	105

(二)石材表面人流量的多少对石材表面亮度的影响

人员行走使用会对石材表面造成磨损,人流越多造成的磨损越严重,石材表面光泽度下降越大。只要注意观察就可发现大厦主入口、电梯间门口、主要通道地面往往石材磨损较严重,石材表面光泽度下降较快,而靠近墙边的石材由于磨损较小,石材亮度下降也就较少。

表 6-2　进口常用石材硬度

石材名称	产地	肖氏硬度(HSD)	石材名称	产地	肖氏硬度(HSD)
美国白麻	美国	109	挪威红	挪威	51
印度大花绿	印度	84	白沙米黄	土耳其	33
啡钻	芬兰	108	银线米黄	意大利	56
中花印度红	印度	116	古典米黄	土耳其	64
树挂冰花	西班牙	86	木纹米黄	意大利	67
幻彩红	印度	89	阿曼米黄	土耳其	63
蓝珍珠	挪威	108	雪花白	意大利	42
紫点金麻	巴西	92	莎安娜米黄	伊朗	61
琥珀红	沙特	99	白洞石	伊朗	46
大花印度红	印度	114	紫罗红	土耳其	67
金钻麻	巴西	99	金线米黄	埃及	47
金彩麻	巴西	89	闪电米黄	土耳其	63
黑珍珠	印度	88	旧米黄	意大利	66
巴西幻彩	巴西	93	大花白	意大利	51
黑金砂	印度	91	金碧辉煌	埃及	46
水晶白	希腊	48	细花白	意大利	50
金花米黄	意大利	58	台湾大花绿	台湾	74

(三)使用环境对石材表面亮度的影响

石材的使用环境也是影响石材亮度的重要方面,紧邻施工现场的石材,由于施工产生的灰尘、沙粒通过人员行走会对石材表面造成磨损,对石材表面的光泽度也会造成影响。

(四)石材病变对石材表面光泽度的影响

各种石材病变也会影响石材表面的光泽度,如白华(返碱)、水斑、风化及各种污染等。石材白华、水斑等病变的产生,是由于水泥中的盐碱物质通过石材孔隙到达石材表面,而这些盐碱在石材表面的停留就会对石材表面造成腐蚀,使石材表面光泽度下降。

(五)石材的使用、清洗不当加速石材光泽度的下降

在移动石材表面物体时的拖拉也会对石材表面的光泽度造成损伤,使石材表面光泽度下降。如果石材表面的污染物不及时清除,或在清洗石材表面污染物时使用的清洗材料不当,也会造成石材表面光泽度下降。

二、石材日常使用中的断裂、崩边、掉角

在建筑材料中石材是比较坚硬的,它可以经历几千年而依然存在,应当说没有哪一种材料比石材更长寿了。但石材作为一种天然不可再生的资源,人们在使用石材时将石材切割成 2 ~ 3 cm 厚的薄板进行安装使用,由于有些石材自身纹理比较丰富,在施工时或使用中石

材就会发生断裂，石材边角容易发生破损。

三、石材在日常使用中的污染

日常使用中各种饮料的溅落、车辆行走的机油滴漏、不正当清洗操作、随意的广告粘贴等都会对石材表面造成污染。

另外，各种石材病变也会在石材的使用中出现（参见本书第三章）。

第三节　石材日常护理的方法

一、石材日常护理

石材的日常护理是保持石材最佳装饰效果，延续石材使用价值、使用寿命最重要的方法。石材的日常护理方法有以下几种。

（一）石材表面推尘护理

石材在日常使用中表面会经常有一些浮尘、脚印、果壳等杂物。这些杂物不仅影响现场的美观，也会对石材表面的光泽度造成影响，同时还可能造成行人的跌倒损伤。清除这些杂物必须是非常及时的，使用尘推可以及时清除这些杂物。

（二）石材表面打蜡护理

石材打蜡是一种比较传统的护理方法，它的优点是施工方法简单、价格低廉，但它却有一些致命的缺点：

（1）打蜡是在石材表面覆盖一层蜡膜，这层蜡膜可以保持石材不受外界的磨损，但同时也阻断了石材与空气的交流，即阻断了石材的呼吸。石材呼吸是石材的一个重要特性。石材是由多种矿物成分组成的，这些矿物成分在自然环境中要分解并释放出各种粒子，阻断石材的呼吸，也就是阻断这些矿物成分的分解及粒子的释放通道，这样反而会使石材表面的色泽发生变化，石材硬度降低，缩短石材的使用寿命。

（2）如果在石材没有完全干燥的情况下打蜡，就会将石材的水分封闭在石材内部，在很长一段时间内造成石材的色差，俗称“花脸”。

（3）由于蜡膜表面亮度较低，所以涂蜡后有时不仅不能提高石材的亮度，反而会使石材的亮度降低。

（4）地面石材打蜡护理应使用液体蜡，严禁使用固体蜡，因为固体蜡会使石材打滑，极易造成人员滑倒摔伤。

（三）石材表面覆膜护理

覆膜护理法是近十几年出现的一种新的石材护理方法。它又分为日光固化和紫外光固化（光固化膜），都是通过在石材表面涂刷一层树脂，当树脂硬化后进行打磨抛光，用树脂的亮度代替石材的亮度。

（四）石材表面增亮剂护理

石材的日常护理也可以使用石材表面增亮剂。将增亮剂喷洒在石材表面，使用圆盘机加毛毡，将增亮剂涂布均匀并磨干，石材表面就会产生光亮，但这种增光效果因石材而异，而且效果有限。

（五）石材的防护处理

现在装饰用石材都涂有石材防护剂。它可以有效地保护石材不受或少受污染物的伤害，延长石材的使用寿命。石材防护剂由于受到使用环境、防护剂的品质及施工质量的影响，防护时间是有限的，因此应定期进行石材的防护剂护理施工。

石材防护剂的选择和使用应根据污染源来确定，如外墙石材，它在室外几十米甚至上百米高空，主要受空气中尘埃、雨水的污染。空气中 CO_2、SO_2 与雨水结合，形成的酸雨渗入石材后，会使石材产生锈斑，尤其非光面的石材，发生这样的情况几率更大。对于这样的情况，在日常中应注意石材防护剂的防水效果，如果石材防水性下降，应重新进行防护剂的涂刷施工。

涂刷石材防护剂的意义在北方地区尤为重要。北方冬季室外温度较低，石材吸水经多次冻融后，风化会加速，并危及石材的使用安全，这种现象通过石材防护剂施工可以避免。

（六）石材表面结晶护理

石材表面结晶护理技术是国外 20 世纪 80 年代末期技术，并于 20 世纪 90 年代中期传入我国，现已在国内石材护理领域大量使用。石材结晶护理可以大大提高石材表面的装饰效果，使石材在提高建筑装饰水平上有了质的飞跃。它的主要技术表现在以下几个方面：

（1）通过晶硬护理后的石材，特别是云石系列石材，其表面硬度提高，使石材表面耐磨性得到提高。

（2）结晶护理技术还可增加石材表面的光泽度及观感。

（3）结晶护理可以在一定程度上增加石材表面的抗污性。

（4）结晶护理还可以增加石材表面的防滑性。

（七）石材清水清洗

使用清水清洗石材表面尘土是一种非常低廉有效的清洁方法。清洗石材表面时应注意用水量，用水量多会造成石材水斑病变的出现。清水清洗浪费宝贵的水源，施工时应注意节约用水。

（八）石材表面防滑护理

石材的表面防滑性关系到行人的安全，因石材表面防滑性不符合要求造成人员受伤的事情时有发生。受伤者造成身心痛苦，石材业主或管理方造成经济损失。

石材在雨、雪的环境下防滑性将大大降低，因此石材表面水渍必须及时清理，同时应增加石材表面的防滑性。

二、建筑外墙石材的护理

（一）石材外墙的清洗

石材外墙定期清洗是必要的，是依据环境情况及地方政府的有关规定进行的。

石材外墙的清洗一般采用“蜘蛛人”利用吊绳进行清洗工作。由于是高空作业，施工安全是第一位的，施工人员应严格按高空安全操作规程进行施工操作。施工时必须系安全绳，并配备安全锁。施工现场下方应建立安全围栏，防止高空坠物伤及下方人员，并有专人值守。

严禁使用强酸、强碱型清洗材料清洗石材表面。在以往的工作中，清洗剂滴落腐蚀下方装饰材料、物品的情况比较多见，应提高警惕。如果石材表面污染较重，可使用石材专用清洗剂进行清洗，也可将清洗剂稀释后使用。使用清洗剂清洗石材后必须使用清水将石材表面清洗干净，防止石材表面发生其他病变。

高空作业也可以使用吊篮或专用擦窗机，它们的使用应按相应的使用规程进行。

（二）常见石材病变清洗

外墙石材返黄及密封胶污染是外墙石材比较常见的石材病变，具体操作可参见本书第三章。

（三）外墙石材防护剂涂刷痕迹的清洗

外墙石材表面或六面涂刷石材防护剂是石材安装前的必备工序，但由于防护剂的施工没有严格按照防护剂施工规程进行，造成的病变有：

（1）防护剂的施工痕迹没有清除干净。石材防护剂施工完成后必须将石材表面残留的防护剂擦干净，否则一旦防护剂干燥后残留的痕迹是非常难清除的。清除防护剂痕迹可以采用以下方法：①使用相同型号的防护剂进行擦洗。②使用具有清除防护剂功能的清洗剂进行清洗。

（2）防护剂没有干燥前将石材进行码放，造成石材表面腐蚀。一些石材防护剂的 pH 值显酸、碱性，防护剂长期以潮湿状态停留在石材表面会与石材内部的物质如云母等发生反应，使石材表面光泽发生变化。这种病变一般发生在光面石材表面。

如果石材表面腐蚀不太严重，最好的方法是采用增光增艳防护剂进行处理（处理方法参见石材的病变及防治有关章节），其次是打蜡，可选用固体高光面蜡，并用抛光机加钢丝棉进行抛光。如果石材表面腐蚀严重可使用研磨机械进行研磨抛光处理。

三、室外地面石材的护理

室外地面石材因其使用的环境非常恶劣，且石材表面凹凸不平，容易藏污存垢，因此它的污染也是非常严重的，护理也比较复杂。它的主要污染有：

（1）石材安装施工中存留的水泥残渣、油漆、油污等。

（2）车辆行驶的车轮印迹污染。

（3）车辆润滑油滴漏污染。

（4）香口胶污染。

（5）各种饮料的污染。

（6）其他污染。

这些污染物的清洗及防护是室外石材护理的主要内容。

（一）室外地面石材的要求

室外地面石材出于防滑要求，一般使用防滑型饰面石材，主要应用于室外广场、车道及大型活动场所和人流比较密集的通道，这些部位使用防滑型石材，主要考虑车辆、人员在雨雪天行驶、行走的安全及活动中遇到紧急情况时的疏散安全。

1. 地面石材防滑要求

石材地面工程的防滑等级按表 6-3 进行了分级。

表 6-3　石材地面工程的防滑等级

防滑等级	0 级	1 级	2 级	3 级	4 级
抗滑值	$F_B < 25$	$25 \leqslant F_B < 35$	$35 \leqslant F_B < 45$	$45 \leqslant F_B < 55$	$F_B \geqslant 55$
摩擦系数	≥0.5				

(1)通常情况下,防滑等级应达到0级。

(2)对于室内老人、儿童等活动较多的场所,防滑等级应达到2级。

(3)对于室内易浸水的地面,防滑等级应达到3级。

(4)对于室内设计有坡度的干燥地面,防滑等级应达到2级;有设计坡度的易浸水地面,防滑等级应达到4级。

(5)对于室外有设计坡度和易积雪或结冰的地面,防滑等级应达到4级,其他室外地面的防滑等级应达到3级。

人行走地面最小防滑等级要求见表6-4。

表6-4　人行走地面最小防滑等级要求

部位	防滑等级	部位	防滑等级
室外柱廊,人行道和行人交叉口	3	医院和老人看护设施(确保的)	2
室外斜坡	4	无新鲜食品区域的超市过道	0
旅馆入口大厅、办公室、公共建筑(湿态)	2	商店和超市新鲜水果和蔬菜区域	2
旅馆入口大厅、办公室、公共建筑(干态)	0	共用更衣室	2
无食品销售的购物中心	0	游泳池环境和共用沐浴间	3
有食品销售的购物中心	2	游泳池斜坡和进入水中的台阶	4
室内斜坡,斜道(大于2度的)(干态)	2	办公室的卫生间设施、旅馆、购物中心	2
室外入口级别的休息大厅	0	体育场的隐蔽大厅	2
购物中心内另开的商店	0	室内通道处梯级凸缘(干态)(有扶手)	2
有外入口—入口区域的商店	2	室内通道处梯级凸缘(湿态)(有扶手)	3
快餐店出口、自助餐就餐区区域	2	室外梯级凸缘	3
医院和老人看护设施(干态)	0		

2. *防滑石材饰面形式*

为了达到地面石材的防滑要求,保证石材的使用安全,石材表面通常经过机械加工及处理,常见的石材防滑饰面主要有:

火烧面:使用火焰喷烤,使表面暴落,形成凹凸不平的效果,达到防滑目的。

机刨面:使用机械将石材表面加工成条状凹凸面,达到防滑目的。

荔枝面:使用花锤将石材表面加工成荔枝状表面,达到防滑目的。

仿古面:使用石材研磨刷或仿古烧毛剂在石材表面进行加工处理,使石材表面凹凸不平,达到防滑目的。

剁斧面:将石材表面剁成条纹状,达到防滑目的。

自然面:利用石材自然纹理,将石材沿其纹理分裂开,形成自然的凹凸状态,达到防滑目的。

另外,还可以将一些达不到防滑要求的地面石材通过现场加工,使石材表面达到防滑要求,如光面大理石、花岗石或抛光瓷砖,通过涂刷石材瓷砖止滑剂,在石材表面光泽下降不多的情况下,达到防滑效果。

(二)室外地面石材的清洗方法

对于防滑地面石材的污染,日常保洁中使用的传统清洁方法有以下几种。

1. 高压水枪清洗

使用高压水枪清洗可以清除石材表面的尘土及比较容易清洗的污染物，但高压水枪清洗浪费宝贵的水资源，且冲洗时产生飞溅，容易污染其他部位，清洗不彻底。

2. 单刷机加尼龙刷盘清洗

使用单刷机加尼龙刷盘清洗是目前比较通用的清洗方法，单刷机本身的结构特点是对于较轻的污染可以清洗干净，石材表面污染较重的清洗不彻底。

3. 化学清洗剂清洗

化学清洗剂可以清洗掉比较严重的石材污染，但会对石材周围的花卉、栏杆等装饰物造成损害。若使用不当也会造成石材出现新的病变，影响石材装饰效果。

4. 研磨综合清洗

研磨清洗是新近发展的一种石材表面清洗方法，它配合其他化学药剂清洗石材可以达到彻底清洗石材表面的效果。

1）研磨清洗的施工方法

（1）使用36#或60#研磨刷进行研磨清洗。应使用吸水机将污水吸走，并且吸水要彻底，不能让污水进入石材。

（2）使用石材专业除油膏进行石材表面除油施工。要求油斑清除率90%以上，必要时可以进行多次清洗。

（3）使用石材强力清洗剂或专业花锤清除石材表面水泥残渣。使用花锤的原理是用花锤在水泥残渣上进行冲击，使水泥残渣松动而达到清除的目的。

（4）检查石材表面是否存有其他污染，并选择相应石材专用治理剂进行治理，可以使用多种清洗剂进行清洗，但要控制清洗剂使用量，防止清洗剂污染石材。

（5）使用120#研磨刷进行研磨清洗，并使用吸水机将污水吸干净，不得残留污水。

（6）检查石材表面污染物处理情况，若有必要应使用石材专业清洗剂进行清洗。

（7）使用180#研磨刷进行研磨清洗，并使用吸水机将污水吸干净，不得残留污水。

（8）使用240#研磨刷进行研磨清洗，并使用吸水机将污水吸干净，不得残留污水。

（9）石材表面充分干燥，为下一步施工做好准备。

2）研磨清洗的优点

（1）绿色环保：由于较少使用化学药剂，所以对环境、绿色植物的污染破坏极少。

（2）清洗彻底：研磨刷的使用能够使石材表面的污染得到彻底清除。

（3）节约资源：研磨综合清洗比高压水枪清洗节水50%以上，与单刷机清洗用水量相当。

（4）石材安全：由于较少使用化学清洗剂，所以石材长期的使用安全得到保证。

3）施工中应当注意的问题

（1）研磨刷号码应当根据石材的品种及饰面形状进行选择。

（2）选用几道研磨刷应根据用户的具体要求，使用研磨的遍数越多，石材表面光滑度越好。

（3）在清除固体污染物如水泥渣时，花锤的选择应根据石材的饰面形状去选用。

（4）选用石材防护剂时应进行小样试验，验证防护效果并达到用户满意时，方可进行大面积施工。

（三）石材表面清洗方法的比较

几种石材表面清洗方法的比较见表6-5。

表6-5 几种石材表面清洗方法的比较

项目	研磨物理综合清洗	传统清洗	化学清洗
污染物（车印）	好	中	好
水泥残渣	好	差	好
油渍	好	差	好
周围物体、花卉	好	好	差
石材变色	好	好	中
饮料及其他	好	好	好
经济性	差	好	中

（四）室外地面石材的防护

石材表面防护是防止和避免石材受到污染的有效方法，防护剂的选择应根据污染源来确定。石材防护剂的施工结合石材清洗共同进行，并应按防护剂的施工工艺进行。在大面积施工前应进行小样试验，确认防护效果后方可进行大面积施工，详见本书第二章。

四、室内墙面石材护理

室内墙面石材的护理比其他情况的石材相对容易。现代装饰施工中的内墙石材大都采用干挂法施工，湿法粘贴施工容易出现的石材病变较少出现，同时内墙石材大部分位置较高，人为污染比较少，因此日常护理比较容易。室内石材由于处于室内环境，不受到风沙、雨雪、冻融的影响，因此日常护理也比较容易。

（一）室内墙面石材的清洗

（1）室内石材虽然较少受到自然界的污染，但环境尘土、烟尘还是存在的，因此有必要进行定期清洗，清洗周期应根据污染情况而定。

（2）在人员可以触及的部位受到的污染会经常发生，因此及时的清理和清洗也是必要的。

（3）室内张贴装饰物时所遗留的胶粘痕迹应及时清除。清除方法参见本书第三章。若清洗效果不理想可以考虑采用研磨方法进行处理。

（4）采用湿法粘贴的石材容易出现返黄、白华、水斑等石材病变。这些病变的清洗方法参见本书第三章。

（二）室内墙面石材的结晶

墙面石材结晶施工是结晶护理技术的一个施工方法。墙面石材结晶使用手持调速抛光机加钢丝棉或抛光垫，在石材表面喷涂石材结晶剂、粉（将结晶粉用水调成膏状）进行结晶护理施工。施工后的石材表面亮度明显增加，由于结晶材料一般为酸性，因此它具有一定的清洁作用，同时石材表面光滑也一定程度增加了石材的抗污性。

（三）室内墙面石材的防护

石材表面防护可以根据污染源选择石材防护剂，一般选择防污型防护产品。由于防护剂的施工具有周期性，因此防护剂的选择还应考虑它的重涂性。石材防护剂的涂刷详见石材防护剂的使用说明书。

（四）室内墙面石材裂痕、破损的修复

石材在日常使用中会由于重物撞击产生断裂，石材裂痕会因污染物的进入产生黑色痕迹，影响石材的装饰效果。石材修复可以采用如下方法：

（1）使用壁纸刀片或专用雕刻机将石材裂痕中的污物清除干净。

（2）使用不同颜色云石专用胶根据石材颜色进行调配。如果石材所处位置比较重要也可考虑使用结构胶进行修补。

（3）使用刮板将调制好的胶填入石材裂痕中。

（4）待石材胶固化后使用研磨抛光机进行研磨抛光。研磨抛光工序详见本书第五章。

五、室内地面石材的护理

室内地面石材是日常护理的重要内容，它每日都会受到污染、磨损的伤害，而且由于所处位置重要，人们对它的要求较高，往往希望它干净、亮丽，所以对它日常护理的效果极为关注。

（一）室内地面石材的清洗

室内地面石材的日常保洁主要使用尘推加牵尘液进行推尘处理来保持石材表面光洁。牵尘液的使用按以下程序进行：

（1）首先准备尘推架、尘推套、牵尘液、喷壶，若现场无喷壶可选用饮料瓶打孔替代。

（2）将牵尘液均匀地喷在尘推套有毛的部位上，牵尘液使用量根据尘推的大小为 50 ~ 150 mL。

（3）牵尘液喷匀后，将尘推套有毛部位对折，存放 24 h 后方可使用。

（4）使用时，将尘推套套在尘推架上并系好。

（5）推尘时，应用力下压，沿直线行走，相邻部位应叠压 10 cm。

（6）如果一次推尘不干净，可进行二次推尘；对于面积较大的部位，二次推尘应选用干净的尘推进行。

（7）尘推应保持干净，发现污染后及时进行清洗。

室内地面石材的日常清洗主要包括果汁、咖啡、茶水、油渍及其他污物的清洗。它的清洗应做到及时发现、及时清理。因为一旦污物渗入石材内部，清洗过程就会变得比较烦琐，尤其是砂岩、洞石及浅色石材更加容易受到污染。

石材表面出现污水时，应使用吸水机及时清理干净，防止石材受到污水的污染，同时防止可能产生的石材水斑病变。

地面石材大都采用湿法粘贴，使石材容易出现水斑、白华、返黄等病变，详见本书第三章。

（二）室内地面石材的结晶

1. 石材的结晶原理

石材的结晶护理是石材日常保养的重要内容。

石材的结晶护理技术是通过结晶材料、结晶施工机械共同作用于石材表面而产生的结晶效果。它是目前地面石材护理最常用的方法。

石材结晶原理一般认为:结晶护理效果是由于结晶材料中的酸根与石材中的金属氧化物产生酸性结晶,当结晶层达到一定厚度就会产生结晶膜观感。

另一种情况认为:石材结晶是结晶粉(剂)在结晶机压力与转动的作用下产生结晶,这些结晶填补了石材的微小孔洞,使石材表面更加平滑,因而提高了石材表面的光泽度。当产生的结晶较多时就会在石材表面形成结晶膜观感。

还有一种情况认为:两种情况兼而有之,只是在大理石、花岗石上产生结晶效果的原理不同。

花岗石的主要矿物成分是 SiO_2,地球上大部分物质为 SiO_2,说明 SiO_2 是非常稳定的物质,不可能在简单的结晶施工的压力和温度下产生新的结晶。因此,花岗石的结晶效果应当认为是结晶填补了石材的微小孔洞,使石材表面更加平滑,因而提高了石材表面的光泽度。

大理石的主要矿物成分是 $CaCO_3$, $CaCO_3$ 在压力及温度作用下容易与其他物质发生反应而生成新的物质,因此大理石产生结晶效果的原理与花岗石产生结晶效果可能有所不同。

石材表面的结晶效果与石材表面的亮度、结晶材料的质量及结晶材料的用量或结晶施工的次数有关,石材的结晶护理施工主要是在日常使用中保持石材表面的亮度及质感,但石材的日常使用情况是非常复杂的。影响石材表面结晶亮度的因素还有以下几种:

(1)石材品种不同,结晶效果不同。

(2)结晶剂(粉)品牌、品种不同,结晶效果不同。

(3)石材表面人流量的多少不同,石材表面结晶亮度下降程度不同。

(4)石材使用环境干净与否,石材表面结晶亮度下降程度不同。

(5)结晶后结晶层的耐老化性。

另外,还要考虑以下问题:

(1)结晶材料的经济性。

(2)结晶施工方法的难易程度。

(3)结晶材料取得的方便程度。

2. 石材表面结晶护理施工工艺

(1)准备好结晶施工机械、施工辅料及结晶材料。

(2)检查电源情况,测试机械工作状态。

(3)如果结晶材料为液体,则要求石材表面必须干燥。如果结晶材料为固体,在使用时须加水调成糊状使用,石材表面不必干燥即可施工。

(4)根据结晶材料的使用要求选择使用钢丝棉或结晶垫进行施工。

(5)将结晶材料置于石材表面,将结晶施工机械压在结晶材料上开动。

(6)使用结晶机械将结晶材料均匀涂布在石材表面,涂布的宽度不得超过结晶机械的工作宽度。

(7)结晶机械在石材表面应匀速移动,直到结晶材料被研磨干燥,石材表面亮度提高。

(8)如果石材表面亮度没有达到要求,可以重复以上工作。

结晶垫一般分为白、红、黑色,白色垫最软,红色垫次之,黑色垫最硬,石材结晶一般使用红、白色垫。结晶垫的选择应考虑石材的颜色及品种,材质较软及颜色较浅的石材可以选择白色垫。

(三)室内地面石材的结晶案例分析

以下是同一种结晶护理材料用在同一种石材表面,在石材表面基础亮度不同的情况下结晶效果的对比。

石材表面经过研磨处理,要求完成所有号段磨片的施工,利用研磨时间的长短使其中一块石材表面基础亮度达到25度,另一块石材基础亮度达到50度。

每块石材使用100 mL结晶剂分为10次均匀用料施工,每完成一次结晶施工,测量一次石材表面亮度的变化并记录。

石材表面基础亮度25度时的结晶施工情况见表6-6和图6-1。

表6-6 石材表面基础亮度25度时的结晶施工情况

点数	次数										
	0	1	2	3	4	5	6	7	8	9	10
1	24	72	67	70	71	77	76	76	74	77	81
2	22	69	61	68	72	73	70	71	70	75	76
3	21	72	66	71	72	76	75	71	75	75	74
4	23	68	60	69	73	73	70	75	70	72	70
5	23	74	64	71	72	77	77	78	76	80	80
亮度平均值	22.6	71	63.6	69.8	72	75.2	73.6	74.2	73	75.8	76.2

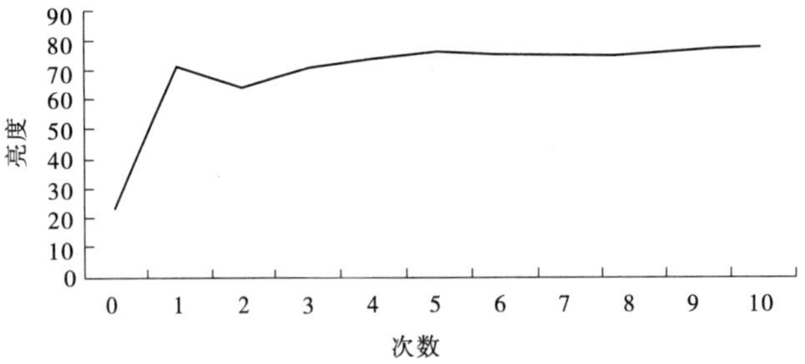

图6-1 石材表面基础亮度25度时结晶施工情况

石材表面基础亮度25度时结晶施工的试验结果:

(1)经过1次结晶施工石材表面亮度增加了3.15倍。

(2)经过10次结晶施工石材表面亮度增加了3.37倍。

石材表面基础亮度50度时的结晶施工情况见表6-7和图6-2。

石材表面基础亮度50度时结晶施工的试验结果:

(1)经过1次结晶施工石材表面亮度增加了1.75倍。

(2)经过10次结晶施工石材表面亮度增加了1.88倍。

通过以上案例,我们可以发现:

(1)石材结晶后的表面亮度与石材结晶施工次数成正比。

(2)石材结晶后的表面亮度与石材表面基础亮度成正比。

(3)结晶施工操作不当会造成石材表面亮度下降。

表 6-7　石材表面基础亮度 50 度时的结晶施工情况

点数	次数										
	0	1	2	3	4	5	6	7	8	9	10
1	43	75	64	79	82	82	84	90	71	77	82
2	43	74	66	78	79	84	83	85	70	72	78
3	43	77	62	80	81	83	82	86	71	80	78
4	45	72	57	78	77	82	82	84	74	79	83
5	44	77	71	83	81	85	82	85	79	83	84
亮度平均值	43.6	75	64	79.6	80	83.2	82.6	86	73	78.2	81

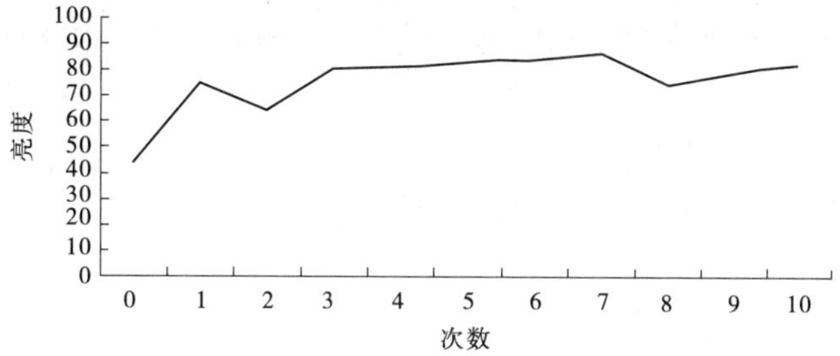

图 6-2　石材表面基础亮度 50 度时的结晶施工情况

(4)结晶施工后石材表面结晶膜厚度感差别不明显。

(5)结晶工作面天花灯影在石材表面的清晰度有明显差别。石材表面亮度越高灯影越清晰。

(四)室内地面石材的防护

室内地面石材防护剂的选择应考虑污染源及石材病变,石材防护剂的施工详见本书第三章。

(五)室内地面石材的修复

室内地面石材的修复主要有以下几种情况:

(1)在日常使用中,如果石材安装施工时底部空鼓,在受到外力冲击时会产生断裂。

(2)石材崩边掉角是因为石材在受到外力作用时,石材强度小于其作用力而产生的破损。

(3)石材在病变的作用下表面产生破损。

石材的修复应特别注意石材花纹的纹路走向及石材颜色。在调制修补胶时可以按石材的基本颜色进行调制,修补研磨完成后如果施工效果不满意,可以使用雕刻机将石材纹路处修补胶剔除,按纹理颜色重新调制修补胶修补后再进行研磨。要想达到完美程度可以重复以上工作。

石材的修复离不开石材的研磨施工技术,具体研磨技术参见本书第五章。

附录　建筑装饰用天然石材防护剂

1　范围

本标准规定了天然石材防护剂产品的术语和定义、分类和命名标记、技术要求、试验方法、检验规则、标志、包装、贮存与运输以及安全涂覆及防护等。

本标准适用于建筑装饰用天然石材的防护剂。

2　规范性引用文件

下列文件中的条款通过本标准的引用而成为本标准的条款。凡是注日期的引用文件，其随后所有的修改单(不包括勘误的内容)或修订版均不适用于本标准，然而，鼓励根据本标准达成协议的各方研究是否可使用这些文件的最新版本。凡是不注日期的引用文件，其最新版本适用于本标准。

GB 3186　涂料产品的取样

GB/T 9966.3—2001　天然饰面石材试验方法　第 3 部分：体积密度、真密度、真气孔率、吸水率试验方法

GB/T 13890　天然饰面石材术语

GB 18581　室内装饰装修材料　溶剂型木器涂料中有害物质限量

GB 18582　室内装饰装修材料　内墙涂料中有害物质限量

JC/T 902　建筑表面用有机硅防水剂

3　术语和定义

GB/T 13890 确立的以及下列术语和定义适用于本标准。

3.1　石材防护剂

防止天然石材产生白华、水斑、锈斑等病变现象，能够有效降低石材的吸水率，提高石材的耐污性和耐蚀性的溶液。

3.2　白华

在用水泥黏结石材时，水泥中的碱性物质通过石材内部的毛细孔到达石材表面，干燥后留下的白粉状物质。

3.3　水斑

用水泥湿法粘贴石材时，吸湿性物质渗入石材内部后，使石材表面产生不易自然干燥的湿痕。

3.4　锈斑

含铁物质进入石材内部或石材中的铁化合物与环境中的化学物质发生反应，在石材表面形成黄色或黄褐色的斑迹。

4　产品分类与命名标记

4.1　分类

4.1.1　按照溶剂类型分

4.1.1.1　水剂型(SJ)：以水为分散介质的防护剂。

4.1.1.2　溶剂型(RJ):以有机溶剂为分散介质的防护剂。

4.1.2　按照功能分

4.1.2.1　防水型(FS):能阻止水及水性污染物渗入石材内部的防护剂。

4.1.2.2　防油型(FY):能阻止油及油性污染物渗入石材内部的防护剂。

4.1.3　按使用部位分

4.1.3.1　饰面型(SM):用于干挂石材(六面)、湿贴石材装饰面(包含四个侧面)的防护剂。

4.1.3.2　底面型(DM):用于粘贴石材底面的防护剂。

4.2　等级

饰面型防护剂按防水性分为优等品(A)、一等品(B)、合格品(C)三个等级。

4.3　命名与标记

4.3.1　命名顺序

产品代号或名称、溶剂类型、功能、使用部位。

4.3.2　标记顺序

产品代号或名称、溶剂类型、功能、使用部位、等级、标准号。

4.3.3　标记示例

示例:以溶剂型优等品×××××防水型饰面防护剂标记如下:

命名:×××××溶剂型防水型饰面防护剂。

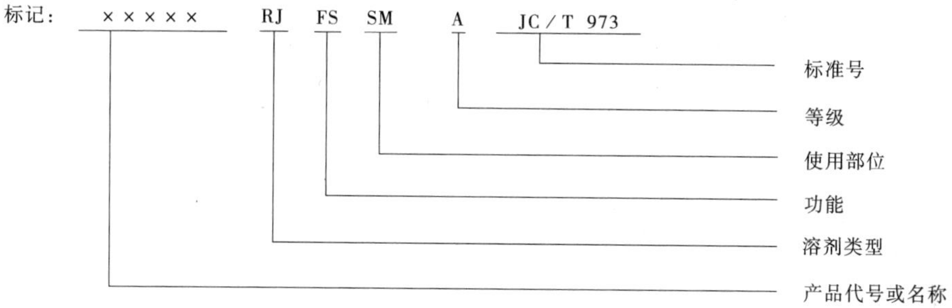

5　技术要求

5.1　饰面型

5.1.1　用饰面型防护剂进行石材防护时,应保持石材颜色基本不变,用户有特殊要求时除外。

5.1.2　饰面型防护剂防水性、耐污性应符合附表1的规定。

附表1

项目		优等品	一等品	合格品
防水性(%)		防水性≥85	70≤防护性<85	50≤防水性<70
耐污[a]	食用植物油[b]	0		1
	蓝黑墨水			

注:a 客户对污染源有特殊要求时,可按客户要求进行。

b 防水型防护剂可不进行此项检验。

5.1.3 饰面型水剂型防护剂 pH 值的范围应在 3～13 之间。

5.1.4 饰面型防护剂稳定性应无分层、漂油和沉淀。

5.1.5 饰面型防护剂耐酸性、耐碱性应大于等于 40%，其中天然大理石防护可不进行耐酸性检验。

5.1.6 饰面型防护剂耐紫外线老化性应大于等于 40%。

5.2 底面型

5.2.1 底面型防护剂抗渗性试验应无水斑出现。

5.2.2 底面型防护剂水泥黏结强度下降率不大于 5.0%。

5.3 水剂型防护剂有害物质限量

挥发性有机化合物(VOC)≤200 g/L。

5.4 溶剂型有害物质限量

苯含量≤0.5%、甲苯和二甲苯总和含量≤10%。

6 试验方法

6.1 pH 值

用精密 pH 试纸测定。

6.2 稳定性

取 10 mL 样品两份分别放入两支试管中，置于电动离心机的相对两面，以 3 000 r/min 的速度旋转 5 min，取出试管，观察有无分层、漂油和沉淀。

6.3 防水性

见附录 A。

6.4 耐污性

见附录 B。

6.5 水泥黏结强度的下降率

见附录 C。

6.6 耐酸性

见附录 D。

6.7 耐碱性

见附录 E。

6.8 耐紫外线老化性

见附录 F。

6.9 抗渗性

将按照附录 A 中 A.3.1 至 A.3.3 将底面和四个侧面防护后的 150 mm×150 mm×20 mm 五块石材，底面朝下平放于盛有水泥砂浆（水泥和砂子按 1∶2.5 用水进行配制）的容器（容积为 160 mm×160 mm×25 mm 宽边盒子，内衬 240 mm×240 mm 塑料薄膜）顶部，水泥砂浆没至石材厚度的约 1/2 处，用塑料胶带将石材侧面外露部分和容器的周边进行密封，放置 7 d，每隔 1 d，观察一次试样表面颜色变化和有无水斑出现，记录表面异常状况。

6.10 水剂型防护剂有害物质限量

挥发性有机化合物(VOC)的测定按 GB 18582 中附录 A 进行。

6.11　溶剂型有害物质限量

苯、甲苯和二甲苯的测定按 GB 18581 中附录 A 进行。

7　检验规则

7.1　出厂检验

7.1.1　检验项目

饰面型防护剂为 pH 值、稳定性、耐污性、防水性。

底面型防护剂为稳定性、抗渗性。

7.1.2　组批

同一类型，同一等级 3 000 kg 为一批，不足 3 000 kg 视为一批。

7.1.3　抽样

产品按照 GB/T 3186 取样，混合均匀，取两份试样各为 1 kg，一份作为备份，一份用做检验。

7.1.4　判定

产品的所有检验结果均符合技术要求及相应等级时，则判定该产品符合该等级。

根据检验结果，当有一项不符合该等级时，应对备份样品进行复检，如复检结果仍不符合该等级，则判定该批产品不符合该等级。

7.2　型式检验

7.2.1　检验项目

技术要求见“5　技术要求”中的全部内容。

7.2.2　检验条件

有下列情况之一时，进行型式检验：

a）新产品最初定型时；

b）产品配方、工艺及原材料有较大改变时；

c）产品停产半年以上恢复生产时；

d）正常生产时每一年一次；

e）国家质量监督机构提出进行型式检验要求。

7.2.3　组批

同出厂检验。

7.2.4　抽样

同出厂检验。

7.2.5　判定

试验结果中有一项不符合“5　技术要求”中的要求时，判定该批产品为不合格品。

8　标志、包装、贮存与运输

产品的标志、包装、贮存与运输应符合 JC/T 902 中第 7 章的规定。

9　安全涂覆及防护

9.1　涂刷时应尽量选择涂刷法并在室外进行，如在室内进行必须保持通风良好。

9.2　涂刷时施工人员应穿戴好必要的防护用品。

9.3　涂装完成后继续保持室内空气流通，房间在使用前应空置一段时间。

附录 A
（规范性附录）
防水性试验方法

A.1 设备及器具

A.1.1 干燥箱：温度可控制在(60±2)℃范围内。

A.1.2 天平：最大称量 1 000 g，感量 10 mg。

A.1.3 干燥器。

A.2 试样

取 100 mm×100 mm×20 mm 天然石材样品 14 块（建议使用 G3503 天然花岗石）。

A.3 测试步骤

A.3.1 将防护剂按照防护剂产品说明书或委托单位的要求进行准备。

A.3.2 用 0.25 mm 碳化硅砂将试样六面磨平，清水洗净，置于(60±2)℃的干燥箱内干燥 48 h，取出，放入干燥器中冷却至室温。其中五块作为参比样品保存于干燥器中，另九块为试验样品。

A.3.3 取九块试验样品，用沾满防护剂的毛刷，对每块试验样品的六个面进行均匀涂覆，平放于底部垫有玻璃棒的瓷盘中，室温下自然干燥 1 h，将与玻璃棒相接触的石材表面向上放置，室温下继续干燥 1 h，再按以上步骤涂刷一遍，在湿度不大于 60% 的室温下自然干燥 48 h。

A.3.4 将参比样品和试验样品按 GB/T 9966.3—2001 中 4.1.1、4.1.2、5.2 的规定进行吸水率试验和计算，烘干温度为(60±2)℃。分别计算参比样品和试验样品的吸水率平均值。

A.4 结果计算

防水性按式附(1)计算

$$K = \frac{A - B}{A} \qquad \text{附(1)}$$

式中 K——防水性(%)；

A——参比样品的吸水率平均值(%)；

B——试验样品的吸水率平均值(%)。

A.5 试验报告

试验报告应包括以下内容：

a) 试验按本标准进行；

b) 参比样品、试验样品的吸水率平均值及该组试验的防水性；

c) 防护剂名称、防护剂外观描述、石材品种及名称。

注：当产品有使用说明或客户提出不同要求时按产品说明或客户要求进行涂刷，并在试验报告中予以注明。

附录 B
（规范性附录）
耐污性试验方法

B.1　器皿

B.1.1　干燥箱：温度可控制在(60±2)℃范围内。

B.1.2　25 mL 滴瓶。

B.1.3　干燥器。

B.2　污染试剂

B.2.1　食用植物油。

B.2.2　蓝黑墨水。

B.3　试样

取 100 mm×100 mm×20 mm 天然石材样品 12 块（建议使用 G3503 天然花岗石）。

B.4　测试步骤

B.4.1　将防护剂按照防护剂产品说明书或委托单位的要求进行准备。

B.4.2　用 0.25 mm 碳化硅砂将试样六面磨平，用清水洗净，置于(60±2)℃的烘箱内干燥 48 h，取出，放入干燥器中冷却至室温。六块作为参比样品保存于干燥器中，另六块为试验样品按照附录 A 中 A.3.1 至 A.3.3 进行防护。

B.4.3　污染测试

将防护后的试验样品和参比样品水平放置，将每种污染试剂分别滴加两滴在三块样品的中心部位（防止崩溅），室温下放置 1 h 后，在流动清水中冲洗并用软布轻擦，待表面干燥后，观察表面污染状况，取污染最严重的样品污染状况作为试验结果。

B.5　判定

0——表示试样表面无污染；

1——表示试样表面轻微污染；

2——表示试样表面严重污染。

B.6　试验报告

试验报告应包括以下内容：

a）试验按本标准进行；

b）防护剂名称、判定、防护剂外观描述。

附录 C
（规范性附录）
水泥黏结强度下降率试验方法

C.1　范围

本试验规定了经防护后和未经防护的天然饰面石材对水泥砂浆黏结强度对比试验所用

的设备、量具、试样、试验程序和计算。

C.2　**设备、量具及材料**

C.2.1　试验机：测量精度 ±1%，试样破坏载荷在设备示值的 20% ~90% 范围内。

C.2.2　游标卡尺：精度为 0.02 mm。

C.2.3　水泥：符合 GB 175—1999 中 425 水泥。

C.2.4　连接件：连接试验机与试样的挂件。

C.2.5　砂：实际工程用砂。

C.3　**试样**

长度 300 mm，宽度 300 mm，厚度为实际使用厚度；每组样品 10 块，其中经涂覆防护剂与未涂覆防护剂各一组，每组五块。

C.4　**试验步骤**

C.4.1　石材试验面粗糙程度与实际工程使用相同。

C.4.2　水泥砂浆按 1∶2.5(水泥∶砂子)或实际使用配比进行配制并搅拌均匀。

C.4.3　将试样背面向上平放在地面上，在试样背面涂 15 ~20 mm 厚的水泥砂浆，保证水泥砂浆和试样背面接触充分避免空鼓。在试样中心预埋连接件，再在上面覆盖 25 ~30 mm 厚的水泥砂浆层，凝固成 100 mm×100 mm 正方形砌块。

C.4.4　在室温下养护 14 d，养护期内保持水泥砂浆层湿润。

C.4.5　养护结束后将试样放置在试验机上，加紧上下卡具(如附图 1 所示)，以 0.5 mm/min 的速率对试件施加载荷至试件破坏，记录破坏载荷值(F)，精确到 10 N。

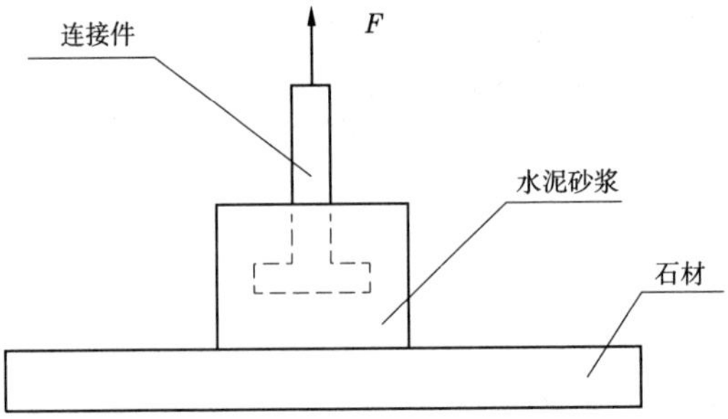

附图 1

C.4.6　用游标卡尺测量试样与水泥黏结面的长宽尺寸，精确至 0.1 mm。

C.5　**计算公式**

C.5.1　黏结强度

黏结强度按式附(2)计算

$$P = \frac{F}{lb} \qquad 附(2)$$

式中　P——黏结强度值，MPa；

F——破坏载荷，N；

l——黏结面长度，mm；

b——黏结面宽度，mm。

黏结强度值保留两位有效数字。

C.5.2 黏结强度下降率

黏结强度下降率按式附(3)计算

$$P' = \frac{P_1 - P_2}{P_1} \tag{附(3)}$$

式中 P'——黏结强度下降率(%);

P_1——未涂覆防护剂的黏结强度算术平均值,MPa;

P_2——涂覆防护剂的黏结强度算术平均值,MPa。

黏结强度下降率结果保留两位有效数字。

C.6 试验报告

试验报告应该包括以下内容:

a)试验按本标准进行;

b)分别计算出涂覆防护剂与未涂覆防护剂的黏结强度算术平均值及黏结强度下降率;

c)该组试件的单块被破坏状况;

d)石材品种及名称、防护剂名称、防护剂外观描述。

附录 D
(规范性附录)
耐酸性试验方法

D.1 器具

D.1.1 干燥箱:温度可控制在(60±2)℃范围内。

D.1.2 天平:最大称量 1 000 g,感量 10 mg。

D.1.3 塑料容器。

D.2 试液

1%(V/V)硫酸溶液。

D.3 试样

取进行完防水性试验的试验样品三块。

D.4 测试步骤

D.4.1 将进行完防水性试验的湿态下的试验样品直接放入体积分数为1%的硫酸溶液中浸泡 48 h,液面高出试样的上表面约 50 mm。

D.4.2 取出试样,用清水清洗干净,按照 GB/T 9966.3 中 4.1.1、4.1.2、5.2 的规定进行吸水率试验和计算,烘干温度为(60±2)℃。

D.5 结果计算

耐酸性按式附(4)计算

$$E = \frac{E_1 - E_2}{E_1} \tag{附(4)}$$

式中 E——耐酸性(%);

E_1——参比样品的吸水率平均值(%);

E_2——试验样品浸酸后的吸水率平均值(%)。

耐酸性试验结果保留两位有效数字。

D.6　**试验报告**

试验报告应包括以下内容：

a)试验按本标准进行；

b)参比样品的吸水率平均值，试验样品浸酸前、后的吸水率平均值；

c)防护剂名称、防护剂外观描述、石材品种及名称。

附录 E
（规范性附录）
耐碱性试验方法

E.1　**设备**

E.1.1　干燥箱：温度可控制在(60 ±2) ℃范围内。

E.1.2　天平：最大称量 1 000 g，感量 10 mg。

E.1.3　塑料容器。

E.2　**试液**

过饱和氢氧化钙溶液：温度为(23 ±2) ℃时，100 g 水中溶解 1 g 氢氧化钙。

E.3　**试样**

取进行完防水性试验的试验样品三块。

E.4　**测试步骤**

E.4.1　将进行完防水性试验的湿态下的试验样品直接放入过饱和氢氧化钙溶液中浸泡 48 h，液面高出试样的上表面约 50 mm。

E.4.2　取出试样，用清水清洗干净，按照 GB/T 9966.3 中 4.1.1、4.1.2、5.2 的规定进行吸水率试验和计算，烘干温度为(60 ±2) ℃。

E.5　**结果计算**

耐碱性按式附(5)计算

$$J = \frac{J_1 - J_2}{J_1} \qquad 附(5)$$

式中　J——耐碱性(%)；

J_1——参比样品的吸水率平均值(%)；

J_2——试验样品浸碱后的吸水率平均值(%)。

耐碱性试验结果保留两位有效数字。

E.6　**试验报告**

试验报告应包括以下内容：

a)试验按本标准进行；

b)参比样品的吸水率平均值，试验样品浸碱前、后的吸水率平均值；

c)防护剂名称、防护剂外观描述、石材品种及名称。

附录 F
(规范性附录)
耐紫外线老化性试验方法

F.1 器具

装有 500 W 直管高压汞灯耐紫外线老化箱,灯管与箱体平行。

F.2 试样

取进行完防水性试验的试验样品三块。

F.3 测试步骤

将做完防水性试验的湿态下的试验样品直接放入 500 W 直管高压汞灯紫外线老化箱内,灯管与箱体平行,试样与灯管的距离为 500 mm 左右,试样表面空间温度为(45 ±2) ℃,恒温照射 300 h 后,取出试样,在温度(23 ±2) ℃,相对湿度 45% ~70% 条件下放置 2 h,称量其质量,精确至 0. 02 g,然后按照 GB/T 9966. 3 中 4. 1. 2、5. 2 的规定进行吸水率试验和计算,烘干温度为(60 ±2) ℃。

F.4 结果计算

耐紫外线老化性按式附(6)计算

$$F = \frac{F_1 - F_2}{F_1} \qquad \text{附(6)}$$

式中 F——耐紫外线老化性(%);

F_1——参比样品的吸水率平均值(%);

F_2——经老化处理后试验样品的吸水率平均值(%)。

耐紫外线老化性试验结果保留两位有效数字。

F.5 试验报告

试验报告应包括以下内容:

a)试验按本标准进行;

b)参比样品的吸水率平均值,试验样品经老化处理前、后的吸水率平均值;

c)防护剂名称、防护剂外观描述、石材品种及名称。

参 考 文 献

[1] 希禾,舒士韬,戴增惠,等. 饰面石材开采与加工[M]. 北京:中国建筑工业出版社,1986.
[2] 刘云从. 石材地质与开采加工[M]. 西安:陕西科学技术出版社,1987.
[3] 徐化玉. 建筑饰面施工技术[M]. 北京:中国建筑工业出版社,1988.
[4] 张伟. 石材着色技术的应用[J]. 石材,1996(1).
[5] 康永庆. 石材工程施工技术[M]. 沈阳:辽宁科学技术出版社,1997.
[6] 张伟. 天然石材着色技术经济分析[J]. 石材,1998(3).
[7] 蔡行来,罗长芳. 装饰石材实用大全[M]. 长春:吉林科学技术出版社,1998.
[8] 张伟. 石材施工前防护处理事半功倍[J]. 石材,1999(9).
[9] 张秉坚,陈劲松. 石材的腐蚀机理和破坏因素[J]. 石材,1999(11).
[10] 张伟,邵福兴. 饰面石材湿贴施工新技术[J]. 石材,2000(2).
[11] 李振宇,李荣,王在宝. 石材着色技术发展概述[J]. 石材,1999(4).
[12] 张伟. 石材防护与翻新处理技术[J]. 石材,2001(7).
[13] 上海石材流通行业协会. 石材宝典[M]. 上海:上海辞书出版社,2004.
[14] 蔡行来,罗长芳,曲华民. 石材大全[M]. 长春:吉林科学技术出版社,2004.
[15] 张秉坚. 石材"水斑"的原因与预防措施研究[J]. 石材,2005(2).
[16] 张伟. 石材的锈斑清洗方法[J]. 中国清洁,2005(4).
[17] 王延华. 石材水斑治理的经验探讨[J]. 石材,2005(6).
[18] 王延华. 几种石材病症的确定[J]. 石材,2005(7).
[19] 张伟. 石材防护剂的选用原则与施工[J]. 石材,2005(10).
[20] 张伟. 石材防护案例分析[J]. 石材,2005(11).
[21] 侯建华,胡云林. 石材清洗、防护、粘结与深加工[M]. 北京:化学工业出版社,2006.
[22] 国家建筑材料工业石材质量监督检验测试中心. 建筑材料标准汇编——石材[M]. 北京: 中国标准出版社,2006.
[23] 张伟,董继峰,苏守林,等. 石材催锈着色技术的应用[J]. 石材,2007(3).
[24] 中华人民共和国发展和改革委员会. JCG/T 60001—2007 天然石材装饰工程技术规程[S]. 北京:中国建材工业出版社, 2007.
[25] 张秉坚,铁景沪. 大型石质文物表面清洗技术的现状和发展趋势[J]. 石材,2007(11).
[26] 侯国强,王延华,杨涛. 防滑型石材表面处理技术[J]. 石材,2007(12).
[27] 张伟. 西班牙黄砂岩石材防护病变的综合治理[J]. 中国石材网,2008(2).
[28] 北京市建设委员会,北京市质量技术监督局. DB11/T 512—2007 建筑装饰工程石材应用技术规程[S]. 北京:中国建筑工业出版社,2008.
[29] 张伟. 石材着色与色差处理——黄色花岗石和黄色沙岩的增色及色差处理[J]. 中国石材网,2008(3).
[30] 张伟. 石材着色与色差处理[J]. 清洁顾问,2008(4).
[31] 张伟. 石材的水斑病变及其防治[J]. 中国石材网,2008(4).
[32] 张伟. 石材养护典型案例分析(一) [J]. 清洁顾问,2008(4).
[33] 张伟. 石材养护典型案例分析(二) [J]. 清洁顾问,2008(6).

[34] 张伟.石材的化学防护[J].清洁顾问,2009(4).
[35] 张伟.石材防护、清洗与着色的关系[J].清洁顾问,2009(5).
[36] 张伟.石材病变及其防治(一)[J].石材,2009(6).
[37] 崔建川.石材护中的磨料及研磨工具的选择[J].石材,2009(6).
[38] 张伟.石材的病变及其防治(二)[J].石材,2009(7).

后　记

石材行业从萌芽之日起，迄今已有百余年了，期间虽经一代代创新，但由于没有专门培养技术人才的渠道，仅靠师徒相授的模式，使得每次技术的进步，都显得举步维艰。现代社会已经进入信息化时代，信息传播的手段、技术更新的速度都在发生着巨大变化。从某种意义上说，石材专业教育、该行业技术人才的水平，在一定程度上反映了一个国家文化科技水平和现代化的进程。

环顾前人著述，浩如烟海，碑刻著録，益臻丰富，然对于祖国石材技术之探讨，培养石材专业人才之典籍，欲求得一提纲挈领之著作，进而进行系统的梳理，作为专业应用之工具，以当入门之径途；遇有疑难，藉此能迅速得以解决。此类书籍，迄今犹未见之。

石材专业技术自来研求考释的人多致力焉，然均无定而不移之结论，更无系统之丛书。在此情况下，我们和相关高等院校联合申办了石材技术专业，继之而来的重要工作就是编写系统教材。从商定之日起，在北京召开编委会人员会议，因为没有任何经验可供借鉴，间有困惑，邮笺南北，质之海内硕彦，反复辨难，至冰释而后爽。这期间，还组织多次教材编写内容研讨会。参加编写的人员，既有高等院校经验丰富的教授，又有科研单位专家和多年从事石材事业年富力强的骨干，大家齐心协力，精心写作，顺利地完成了初稿编写任务。接着，我对初稿作了修订，又反复征求专家们的意见，谬蒙青睐，让我负责完成全书的编审工作。历经一年多的时间，石材专业教育系列 8 本教材已经完成，终于出版问世了，随之，我一颗忐忑不安的心也踏实了许多。至此，我可以向关心石材行业的领导交出一份认真的答卷，也可以向参加编写和为此付出辛劳的同道们、先生们作出一个系统的汇报。他们研究探索之方法，可谓合乎科学之规律，为我国石材专业教育开辟蹊径，反映了现代石材工业的发展水平，厥功甚伟，是编亦足为典型示范，庶初学者手此编著，暸如指掌，有所裨益，非浅鲜也。时间紧迫，虽有小疵而瑕不掩瑜矣。这里，我诚恳地对我的同道们、先生们说一声谢谢。承命校定之役，敢献一得之见，循览之余，谨赘数语报命，奢望继是有作，有更多的精美之作问世。

该书在出版的过程中，受到主管部门和石材界人士的关心与支持，福建溪石股份有限公司、福建省万隆石业股份有限公司、福建省晋江盛达机器有限公司、山东港华石材有限公司、河北星烁锯业股份有限公司、内外矿业股份有限公司、博宇投资（厦门）有限公司、云南砉红天然石材开发有限公司对教材的出版给予了具体帮助，在此致以衷心的谢意！

由于时间紧迫，笔者水平所限，参阅著録不足，讹误之处在所难免，热诚希望读者指正。

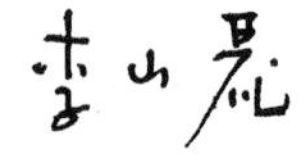

2009 年 8 月 27 日